D'ONTARIO (Canada)

...TS D'OR ET D'ARGENT

DU-SED-OUEST

ETUDE SOMMAIRE

PAR

A. Brüll et A. Blum,

Ingénieurs

1896

PARIS

IMPRIMERIES ET LIBRAIRIE CENTRALES DES CHEMINS DE FER

IMPRIMERIE CHAIX

SOCIÉTÉ ANONYME AU CAPITAL DE CINQ MILLIONS

Rue Bergère, 20

1896

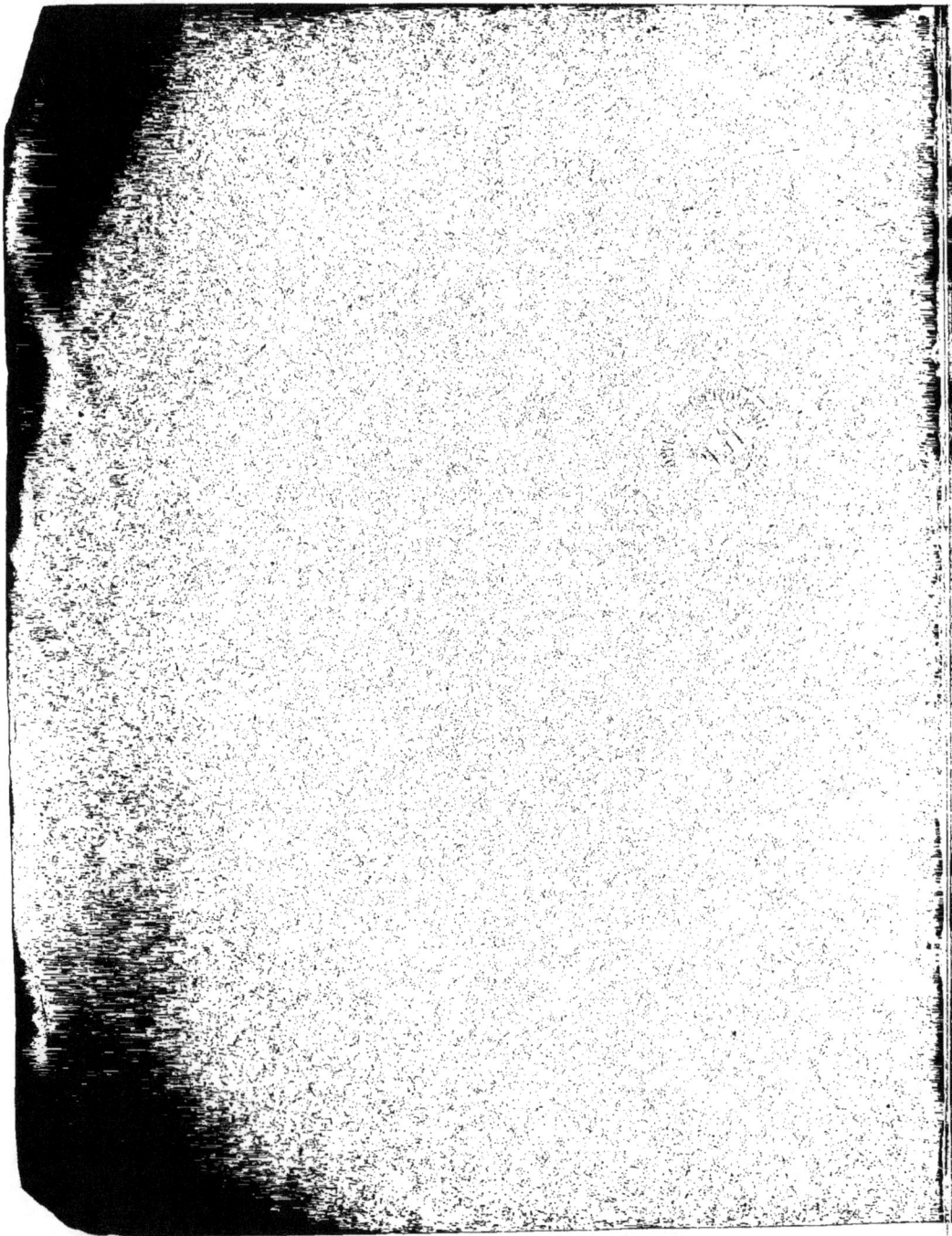

PROVINCE D'ONTARIO (Canada)

GISEMENTS D'OR ET D'ARGENT

DU SUD-OUEST

ÉTUDE SOMMAIRE

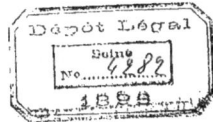

PAR

MM. A. Brüll et A. Blum,

Ingénieurs

1896

PARIS
IMPRIMERIE ET LIBRAIRIE CENTRALES DES CHEMINS DE FER
IMPRIMERIE CHAIX
SOCIÉTÉ ANONYME AU CAPITAL DE CINQ MILLIONS
Rue Bergère, 20
1896

EXPOSÉ

Le 5 juin 1896, nous avons reçu mission de visiter au Canada :

A. — Différents terrains argentifères situés dans le district de la Baie du Tonnerre, province d'Ontario, dont l'énumération figure à l'annexe n° 1 du présent rapport.

B. — Certaines propriétés aurifères situées sur les bords du Lac des Bois et de la Rivière Seine, dans le district voisin, celui de la Rivière des Pluies.

Nous avons été chargés aussi de présenter un rapport comportant, outre des vues d'ensemble sur les terrains examinés et notre appréciation sur ceux d'entre eux qui nous paraitraient mériter d'être signalés d'une façon particulière, des conclusions sur le point suivant :

Y aurait-il lieu de dépenser sur tout ou partie desdits terrains une somme de £ 15.000 en travaux de prospection et de développement, en vue de la formation ultérieure d'une compagnie d'exploitation?

Pour nous préparer à cette tâche, nous avions, dès avant le 5 juin, compilé la collection depuis 1887 du journal « Engineering and Mining journal » de New-York, qui publie régulièrement des correspondances sérieuses sur les découvertes de gisements minéraux dans l'Ontario et sur les travaux de développement ou d'exploitation entrepris dans ce pays.

Nous avions lu aussi plusieurs rapports officiels du Dominion du Canada ou de la province d'Ontario sur la géologie, sur les gisements et sur les mines de cette province, rapports que nous avions pu nous procurer à Paris.

Pour remplir notre mission, nous sommes partis le 5 juin, nous nous sommes rendus à New-York où nous avons visité plusieurs personnes qui nous ont donné quelques indications utiles et nous ont munis de lettres d'introduction pour le Canada.

De New-York, nous sommes allés à Montréal, où nous avons eu plusieurs entretiens avec des hommes au courant des richesses minières du Dominion.

A Ottawa, capital du Canada, nous avons visité l'importante collection minéralogique du *Geological Survey* du Canada et nous avons recueilli auprès des géologues attachés à cette administration des renseignements intéressants. Ces Messieurs nous ont aussi donné des rapports et des cartes se rapportant aux régions de la Baie du Tonnerre, du Lac des Bois et de la Rivière Seine.

On trouvera à l'annexe n° 2 la liste détaillée, tant de ces publications que de celles que nous nous étions procurées à Paris.

Nous nous sommes aussi arrêtés un jour à Toronto, chef-lieu de la province d'Ontario. Nous y avons visité le directeur du bureau des mines. Nous sommes allés aussi, dans cette ville, à la banque de l'Ontario. Cette banque est propriétaire des terrains miniers énumérés dans la première des deux listes qui forment l'annexe n° 1. Le directeur de la banque nous a introduits auprès du directeur de la succursale de Port-Arthur.

Arrivés à Port-Arthur le 20 juin, nous nous sommes mis en rapport avec ce directeur, nous avons entretenu le conservateur des titres miniers, le propriétaire de plusieurs terrains inscrits sur la seconde liste et diverses personnes s'occupant d'affaires de mines.

C'est de Port-Arthur que nous sommes partis pour visiter les mines et les terrains miniers. Ces visites, qui se sont étendues du 21 juin au 18 juillet, se partagent en cinq tournées. La première à été faite dans le district argentifère de la Baie du Tonnerre; la seconde et la cinquième tournées se rapportent aux terrains miniers de la banque de l'Ontario; la troisième excursion a eu pour objet l'examen du district aurifère du Lac des Bois et, la quatrième, celui de la région aurifère de la Rivière Seine.

Pendant ces visites, nous avons fait quantité d'observations, recueilli de nombreux renseignements et prélevé une centaine d'échantillons.

Après notre retour à Paris, le 2 août, nous avons étudié ces échantillons et nous en avons fait analyser quelques-uns.

Tels sont les moyens que nous avons employés pour remplir notre mission et c'est avec ces divers éléments qu'a été établi le présent rapport.

Comme nous serons amenés, au cours de ce travail, à employer certains termes scientifiques ainsi que des expressions et unités de mesure en usage au Canada, nous avons cru utile de présenter à l'annexe n° 3, la nomenclature explicative de ces termes et de ces mesures.

Le présent rapport est divisé en cinq parties.

La première est un historique de l'industrie des métaux précieux dans l'ouest de l'Ontario *(page 7)*.

Dans la seconde, on trouvera un aperçu de la géologie des régions de la Baie du Tonnerre et de la Rivière des Pluies *(page 15)*.

La troisième se rapporte au mode de gisement des minerais et à la description des filons *(page 25)*.

La quatrième expose les conditions générales du pays *(page 33)*.

Nos appréciations forment l'objet de la cinquième partie *(page 51)*.

Enfin, dans la conclusion qui termine ce rapport, on lira nos réponses aux questions qui nous ont été posées.

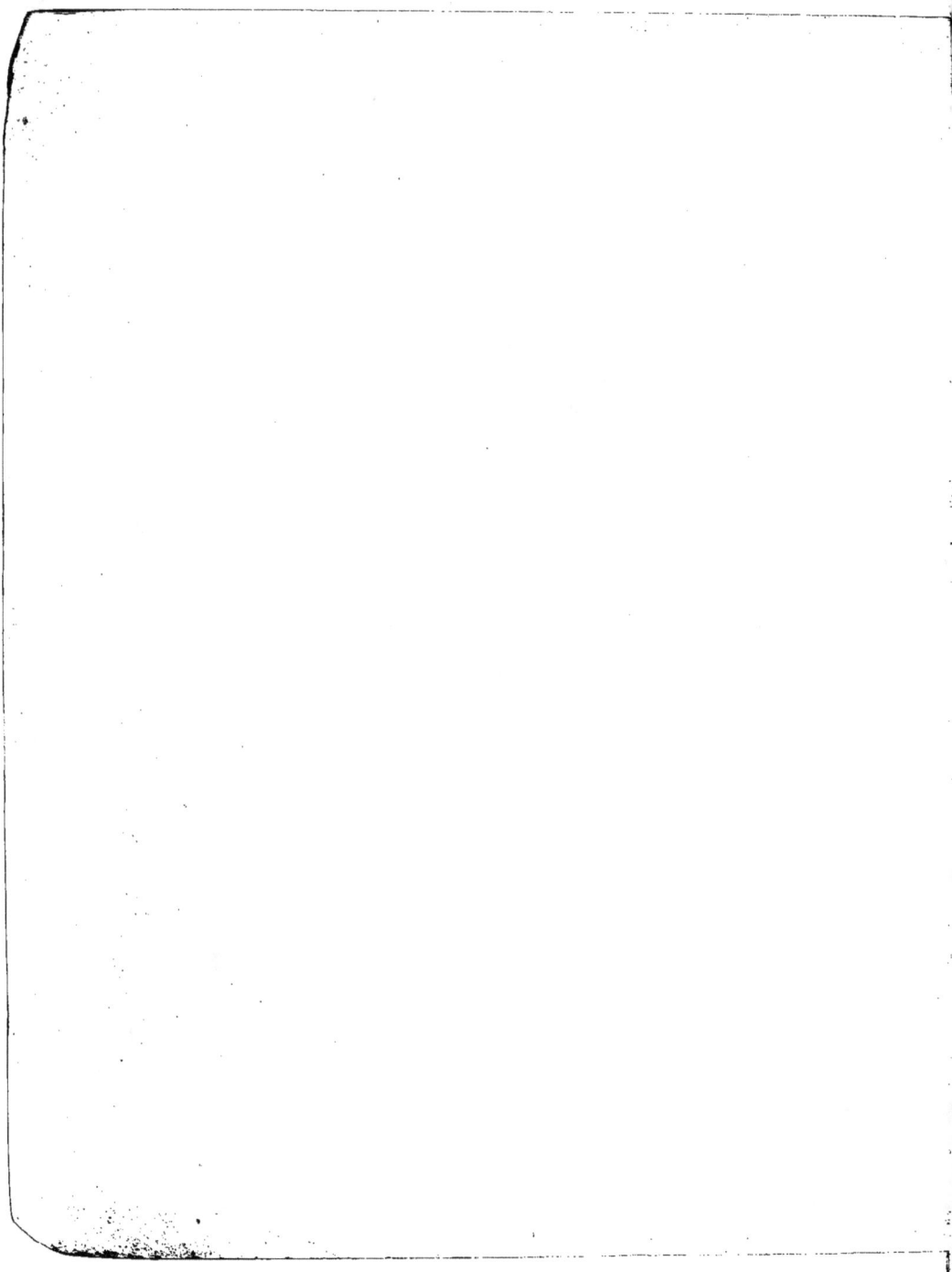

PREMIÈRE PARTIE

. . . . .

HISTORIQUE

. . . . . .

L'historique de l'industrie des métaux précieux dans l'ouest de l'Ontario se divise naturellement en deux chapitres traitant respectivement de l'argent et de l'or.

—— — —— ——

CHAPITRE PREMIER

——

ARGENT

C'est en 1846 que furent instituées les premières concessions minières sur le rivage canadien du Lac Supérieur où l'existence du cuivre et de l'argent était connue depuis longtemps. Ces concessions passèrent aux mains de la Montreal Mining Company, qui, après une ou deux campagnes de recherches superficielles, abandonna ses travaux. On cessa alors de s'occuper des richesses minérales de l'extrémité ouest du lac.

C'est vers l'est de ce lac. et sur les bords du lac Huron que se porta l'attention. On y recherchait le cuivre dont on avait trouvé d'importants gisements sur le rivage sud du lac Supérieur, dans l'Etat de Michigan. Divers gisements de pyrite de cuivre et de cuivre natif furent successivement découverts et explorés; quelques-uns portaient aussi de l'argent et du nickel; mais on n'y fit pas de travaux sérieux pour préparer l'exploitation.

Cette période de stagnation dura jusqu'en 1863. A cette époque.

de nouvelles tentatives furent faites pour ouvrir des mines de cuivre ; malgré d'importantes dépenses, ces efforts n'eurent pas un grand succès. On s'occupa aussi des gisements de minerais de fer qui se montrent de place en place entre Port-Arthur et Sault-Sainte-Marie, mais ces recherches ne suffirent pas à démontrer la possibilité d'exploiter avec profit.

Dans la section de la Baie Noire du district de la Baie du Tonnerre, on trouva en 1863 et 1865 des filons de galène. Des recherches furent entreprises sur quelques-uns d'entre eux en 1872 et en 1884, mais ne purent aboutir. Au fort Mac Kellar, près de la station de Middleton du chemin de fer Canadian Pacific, le même minerai fut étudié par un puits de 80 pieds; à Garden River, près de Sault-Sainte-Marie, deux mines de galène furent ouvertes; on y fit des travaux assez importants, on y établit des usines de traitement; ces établissements sont fermés depuis 1884.

Bien que certaines concessions de 1846 aient fourni quelques poches de riche minerai d'argent, les deux seules mines dans lesquelles des recherches un peu développées aient été poursuivies : mines de Spar Island et du Prince, paraissent avoir été plutôt considérées comme mines de cuivre. Ce n'est qu'en 1866 qu'un filon, découvert par M. Peter Mac Kellar, de Port-Arthur, fut pour la première fois reconnu comme argentifère sous le nom de mine de la Baie du Tonnerre.

L'année suivante fut concédé le filon Shuniah ou Duncan.

Dans l'été de 1868, en levant le plan de la concession de Meredith, appartenant à la Montreal Mining Company, on reconnut la présence d'un riche minerai d'argent dans la mine, devenue depuis si fameuse, de Silver Islet, qui a été exploitée pendant seize ans et a fourni plus de trois millions de dollars d'argent.

De 1866 à 1873, les travaux d'exploration et les travaux préparatoires ont été menés activement, avec des succès divers, dans le district environnant la mine de la Baie du Tonnerre.

En dehors des filons ci-dessus mentionnés, on travailla à la mine Duncan, qui a atteint la profondeur de 700 pieds et dans laquelle on aurait dépensé, de 1867 à 1882, 200.000 dollars, à la mine Beck ou Silver Harbour, à la mine 3 A, à la Thunder Bay Silver Mine, à la

Cornish Mine. On cite une Compagnie anglaise qui aurait dépensé sans succès 70.000 dollars dans une île voisine de Silver Islet. On découvrit aussi des filons le long de la côte ouest de la Baie du Tonnerre et sur les îles du voisinage. On fit quelques travaux de reconnaissance dans les îles Pic, Jarvis, Thompson, Mac Kellar, Mink, à la concession Stewart, voisine de Pigeon River, à Sturgeon Bay.

En 1875, la plupart de ces mines étaient fermées, et un nouveau temps d'arrêt commençait. Il n'y avait plus en activité que les mines Shuniah et Silver Islet. La première cessa ses opérations en 1881 et la seconde en 1884.

Cependant l'exploitation de l'argent reprit en 1882 une nouvelle activité. C'est à cette date que furent découverts les riches minerais de Silver Mountain.

Bientôt après, furent successivement concédées les mines Beaver, Porcupine, Silver Creek, Little Pig, Big Bear, etc., dont la première, ouverte en 1886, a obtenu, grâce à ses importants dépôts de riche minerai, une certaine célébrité. La profondeur des travaux de Beaver a atteint 700 pieds; des poches très riches ont été rencontrées et l'extraction a fourni pour trois à quatre cent mille dollars de minerai. Un lot de 454 barils de minerai concentré provenant de Beaver se serait vendu à raison de 470 dollars la tonne.

C'est à cette même période que se rattachent les découvertes faites près de White Fish Lake. L'attention fut appelée sur ce district par le riche minerai d'argent du filon de Silver Mountain. De nombreuses concessions furent prises dans cette formation au voisinage immédiat de la montagne et à quelque distance à l'ouest autour de White Fish Lake.

Le comptoir anciennement établi par la Compagnie de la Baie d'Hudson à Fort William, au point où la rivière Kaministiquia se jette dans le lac Supérieur, a naturellement servi de centre d'action et de point de ravitaillement aux explorateurs et aux exploitants des mines d'argent de la Baie du Tonnerre. Mais, lors de l'ouverture de la route Dawson, vers Red River, au nord-ouest, qui a son point de départ sur le Lac Supérieur, à trois milles au sud-ouest du fort, l'embarcadère du Prince Arthur, qui n'était qu'un village, devint la ville

2

actuelle de Port-Arthur (3.000 habitants), de sorte que les deux villes voisines se sont partagé l'activité commerciale due aux mines et sont devenues, l'une et l'autre, la tête de la navigation des grands lacs et des stations de chemins de fer assez importantes.

Pendant les deux années 1886 et 1887, il a été expédié de Port-Arthur pour 413.505 dollars d'argent.

Le capital employé à l'ouverture et à l'exploitation des mines n'a pu en général, être trouvé dans le pays même. Il est venu principalement des États-Unis et d'Angleterre. Silver Islet appartient à des Américains. De même, Beaver, Duncan, Badger, Rabbit Mountain, Cariboo, Y 1, Pearless, Silver Fox, Crown Point, Silver Creek, Big Harry ; West Silver Mountain a été travaillée par des habitants du Colorado. East Silver Mountain est une mine anglaise comme Jarvis Island. Elgin, Porcupine, Little Pig, Big Bear, sont canadiennes.

Nous donnerons, au chapitre Ier de l'annexe no 4, les historiques spéciaux de quelques-unes des mines d'argent qui ont le plus attiré l'attention.

CHAPITRE II

OR

Depuis la découverte de l'or dans la commune de Madoc en 1866, ce métal a été trouvé dans la province d'Ontario sur une longueur de 900 milles environ qui sépare Madoc, à l'est, du Lac des Bois, à l'ouest. Sur cette distance, on distingue trois régions aurifères.

Au sud-est, celle du comté de Hastings.

Au centre, la région qui sépare Wahnapetoe du Sault-Sainte-Marie.

Enfin, à l'ouest de la rivière Shebandowan au Lac des Bois.

On n'a pas trouvé de placers dans ces contrées, mais partout des filons de quartz montrant un peu d'or libre aux affleurements, puis des sulfures à une faible profondeur.

Dès 1870, on connaissait la présence de l'or dans le district du Lac des Bois. Une commission royale, visitant la région en 1889, constata qu'il n'avait encore été fait que des travaux de recherches, quelquefois importants, et qui étaient tous remplis d'eau. On lui présenta toutefois de riches spécimens portant de l'or visible ou de l'or libre reconnaissable à la batée. La commission put examiner aussi quelques affleurements de quartz (Ophir, Jack, Gold Hill, Winnipeg Consolidated, où l'on avait ouvert un puits de 200 pieds et établi une usine de 5 bocards).

Plusieurs mines avaient échoué à cause de la présence de l'arsenic qui rendait difficile le traitement des minerais. Telle la mine de Gatling à Deloro, municipalité de Madoc, comté de Hastings ; on y avait constaté la présence de quatre filons parallèles sur trois quarts de mille de longueur. Le principal se continuait sur les propriétés voisines et se voyait ainsi sur une longueur totale de près de trois milles. Ce filon avait une ouverture moyenne de 8 à 10 pieds, allant par places à 20 pieds.

Le minerai contenait généralement 14 dollars d'or par tonne de 900 kilogrammes. On espérait en extraire les neuf dixièmes. On a installé une usine de chloruration et de grillage. Mais les résultats ne furent pas satisfaisants et la mine dut fermer.

Le mispickel aurifère était signalé dans plusieurs autres filons : Feigler, Williams, Hawk'eye, Gladstone, Keevaïdin, Winnipeg Consolidated, Pine Portage.

En 1870, l'or fut découvert à Jackfish Lake, près du lac Shebandowan, à 70 milles à l'ouest et un peu au nord de Port-Arthur. Dans le voisinage et aussi vers l'est de cette ville, de nouveaux filons aurifères ont été souvent signalés, mais on ne les a que fort peu travaillés; il n'y a guère que la mine Huronnienne et la mine de la Baie du Héron qui aient été exploitées d'une façon intermittente. Ces mines sont depuis longtemps fermées.

Actuellement, c'est à Rat Portage, sur le Lac des Bois, que s'est établi le principal camp des mines d'or qui, durant ces dernières années, ont provoqué dans ce district une grande animation.

Quelques mines ont été *prospectées* et d'autres ont été exploitées avant 1884. Les discussions qui ont eu lieu entre le gouvernement du Canada et celui des États-Unis, au sujet des territoires voisins du Lac des Bois, ont écarté les *prospecteurs* de ce district, par l'impossibilité où ils se trouvaient d'obtenir des titres de propriété. Ce n'est qu'en 1890, à la suite du règlement de ce litige que les demandes de concession des terrains aurifères ont repris leur cours.

Un grand nombre de concessions ont été accordées dans le district du Lac des Bois, beaucoup de travaux de recherche à la surface des filons ont été faits. Plusieurs mines ont été, de plus, l'objet de travaux en profondeur et d'autres ont été mises en exploitation régulière.

Ces travaux ont généralement montré une réelle abondance de minerai aurifère. Mais comme on le verra par l'historique de quelques mines donné au chapitre II de l'annexe n° 4, la difficulté de traitement des minerais a été la principale cause qui a amené l'abandon des travaux. Il a été reconnu que les usines édifiées et outillées à grands frais par plusieurs Compagnies, n'ont pas réussi à extraire l'or des minerais sulfurés et parfois arsenicaux qui leur étaient livrés. Quelques-unes de ces usines n'ont fonctionné que très peu de temps, parfois une semaine seulement.

Actuellement, une seule mine, la Sultana, est encore exploitée ; elle donne, paraît-il, de beaux résultats. Son propriétaire installe en ce moment des appareils pour le traitement des minerais sulfurés.

Un district aurifère dont la connaissance ne remonte qu'à peu d'années, celui de la Rivière Seine, a pour centre la petite ville de Fort Frances.

En 1889, les membres de la commission royale ont examiné un échantillon provenant d'une concession qui avait été accordée à un agent de Fort Frances. Mais ce n'est guère qu'en 1893 que les travaux de recherches des frères Weigand ont mis à jour les richesses aurifères de la vallée de la Rivière Seine.

Un grand nombre de concessions sont déjà accordées dans ce district. Beaucoup de filons ont été suivis à la surface; d'autres ont été reconnus à l'aide de puits peu profonds, et déjà deux mines sont sur le point d'entrer dans la période d'exploitation normale.

De nombreuses transactions, dont les concessions font l'objet, s'effectuent depuis la découverte des gisements qui date de septembre 1893. Nous avons été témoins de la cession de deux propriétés : les mines Fergusson et Foley, qui vont être exploitées incessamment. Ce sont les deux mines dont les travaux sont le plus avancés.

Le développement des travaux sur les autres concessions paraît entravé par le manque de capitaux.

Nous avons appris de M. Hall, ingénieur à Centre Mine, que deux nouveaux districts aurifères se créaient actuellement dans la vallée de la Rivière Seine :

Un sur le lac Sawbell, est à 150 milles à l'est de Centre Mine;

Le second, auprès du lac Shebandowan, à 200 milles à l'est de Centre Mine et à 40 milles au sud de la station Savanne du Canadian Pacific Railway.

SECONDE PARTIE

APERÇU GÉOLOGIQUE

L'aperçu géologique comprend quatre chapitres : le premier donnera une idée d'ensemble de la constitution géologique de la partie ouest de la province d'Ontario; les trois autres traiteront successivement des régions de la Baie du Tonnerre, du Lac des Bois (partie nord) et du Lac des Pluies.

CHAPITRE III

L'OUEST DE L'ONTARIO

Les districts de la Baie du Tonnerre et de la Rivière des Pluies sont situés au sud-ouest de la province d'Ontario, entre le 48ᵉ et le 50ᵉ parallèles et entre le 88ᵉ et le 96ᵉ méridiens à l'ouest de Greenwich.

Ces districts font partie d'une immense ellipse de terrains primitifs, qui commence à l'ouest par une courbe allant du lac Winnipeg à la Baie du Couronnement et s'étend à l'est jusqu'à l'océan Atlantique. Elle embrasse toute la partie nord-est du continent : le Baffin, le Groenland et un grand nombre d'îles de l'océan Glacial; comprend toute la péninsule du Labrador et descend au sud jusqu'à la région des grands lacs (Supérieur, Michigan, Huron, Erié).

Cette vaste surface de roches primitives est bordée au nord, le long de la Rivière Albany et de la Baie Saint-Jacques, par les couches presque horizontales du Dévonien et du Silurien. Ces mêmes terrains se montrent aussi au sud entre le lac Huron et le lac Erié.

Bien que ces roches primitives soient, de place en place, interrompues dans la continuité de leur affleurement par des bras de mer et des lacs et par des dépôts moins anciens qui les recouvrent, on peut cependant considérer cette formation si étendue et dont l'épaisseur est évaluée à plusieurs milles, comme un ensemble compact. C'est l'ossature sur laquelle parait s'être formé le reste du continent.

Cette contrée, formée de roches primitives, est vallonnée, sans montagnes de grande hauteur, couverte d'immenses forêts d'essences légères, parsemée d'un tel nombre de lacs qu'on assure qu'il en existe plusieurs centaines de mille et qu'ils couvrent du tiers à la moitié de la surface totale. Leur profondeur est en général modérée, rarement très grande, souvent très faible. Il y a beaucoup de ces lacs qui ont plus de 160 kilomètres de longueur ; la plupart ont de 30 à 80 kilomètres; d'autres sont de dimensions très restreintes. Ils sont souvent allongés et étroits et s'alignent suivant diverses directions. Ces lacs servent ainsi de voies de transport, les canots étant portés par les Indiens d'un lac au suivant sur des sentiers nommés portages. Plusieurs grands lacs ont des émissaires dans deux directions opposées et même dans trois ou quatre directions d'orientation diverse, de sorte qu'on franchit en canot les lignes de faîte.

Voici comment les géologues du Canada expliquent la formation de ces lacs innombrables : les roches compactes et cristallines auraient été soumises, pendant les longues périodes qui ont précédé l'époque glaciaire, à des altérations qui les ont dégradées et attendries jusqu'à de grandes profondeurs. Pendant les froids intenses de la période glaciaire, des glaces épaisses se sont formées; elles sont descendues des parties hautes du pays en glaciers larges et profonds vers les points bas en suivant diverses directions, entraînant les roches décomposées, les broyant et les déposant sous forme de sables et de boues, creusant la roche jusqu'à la partie restée solide et résistante. Le climat ayant ensuite changé, les glaciers ont disparu, laissant une surface dure, arrondie par l'usure, inégale en raison de la forme des contours primitifs, des duretés différentes, tant de la roche altérée que de la roche compacte. Les inclinaisons variées, les courbures et les plissements, les joints, les dykes éruptifs ont dû aussi exercer leur influence sur les formes résultantes.

Ces explications sont basées sur l'étude de la surface des roches et des alluvions qui les recouvrent en partie. On y trouve de nombreuses preuves de l'action glaciaire.

La série des roches primitives dont il vient d'être parlé se divise en deux terrains : le Laurentien et le Huronien. Ces expressions, proposées il y a une cinquantaine d'années par Sir William Logan et par le Dr T. Sterry Hunt, qui ont consacré des années de travail à l'étude de la géologie canadienne, ont été tirées par ces savants des noms de la rivière Saint-Laurent et du lac Huron. Elles ont été acceptées d'une façon générale dans tous les pays, en raison du développement considérable que ces terrains prennent au Canada.

Le Laurentien est le plus ancien des terrains, c'est la fondation même de l'édifice terrestre.

Il occupe la plus grande partie de la surface des roches azoïques du Canada.

Le Huronien se trouve au milieu du Laurentien en surfaces plus ou moins complètement séparées. Il est mêlé au Laurentien sous forme de bassins souvent allongés et en îlots à contours anguleux et irréguliers, qui remplissent les intervalles entre de puissants noyaux de figure arrondie de roches laurentiennes.

Le Laurentien est fortement plissé, redressé jusqu'à la verticale. On attribue ces plissements à angles vifs aux affaissements produits par le refroidissement de la terre. De puissantes actions glaciaires ont érodé ces terrains contournés et enlevé sur de grandes étendues les crêtes anticlinales.

Les roches laurentiennes sont riches en silice; ce sont des roches acides.

Les roches laurentiennes sont coupées par des dykes de Greenstone ou trapp, qui ont affecté la disposition géographique de la contrée. Des rivières ou des lacs étroits et allongés reposent souvent sur le cours d'un dyke qui a cédé à l'action glaciaire; par contre, des chutes ou des rapides se montrent là où des dykes de grande dureté croisent les cours d'eau.

Le Laurentien est coupé par des filons de deux classes d'âges différents.

Les premiers sont nombreux; on les rencontre presque partout où les gneiss affleurent; ils sont comme fondus et amalgamés avec le *country rock* et sont composés des mêmes minéraux. Dans quelques cas la gangue est presque entièrement feldspathique; dans d'autres, elle est de quartz; le plus souvent, elle est formée d'un mélange des deux sortes de roche. Les plus grands filons de cette classe sont grossièrement cristallins. Les plus petits ont une tendance à se diviser et prennent une disposition réticulée. Le contraste entre la couleur de la gangue et celle des épontes définit distinctement les filons; mais il n'y a pas cependant séparation réelle, car le tout casse comme le ferait une seule et même roche. On ne trouve pas dans ces filons de substances minérales utiles en quantités appréciables.

Les filons de la deuxième classe sont moins nombreux. Leur formation est bien plus récente. La gangue, qui est souvent de spath calcaire, se sépare aisément des épontes et peut porter de la galène, de la pyrite de fer et de cuivre et de la blende. Mais on n'a trouvé jusqu'ici dans ces filons aucune autre substance minérale utilement exploitable.

On partage le terrain Laurentien du Canada en deux étages :

le Laurentien inférieur

et le Laurentien supérieur.

On croit que le second couvre moins de surface que le premier, mais on ne connaît pas encore bien la distribution géographique des deux étages.

L'étage inférieur est formé de gneiss grossièrement cristallins, de teintes grisâtre ou rougeâtre, claires ou foncées, de composition variée, de texture plus ou moins rubanée et laminaire. En dehors du quartz, du feldspath orthoclase et du mica, éléments caractéristiques du gneiss en général, ceux-ci contiennent le plus souvent beaucoup de hornblende. Ils sont massifs et compacts, rarement altérés, ou ils ne le sont que légèrement, ce que l'on attribue à leur érosion récente par l'action glaciaire.

On considère au Canada cette série de gneiss comme pratiquement stérile en minerais métalliques.

L'étage supérieur du Laurentien, dont on estime la puissance à plus de 15 kilomètres, repose en discordance sur l'étage inférieur. Il se compose de massifs de labradorite et d'anorthite, de calcaires et de gneiss qui ressemblent d'assez près aux gneiss de l'étage inférieur.

Le terrain Huronien présente une grande puissance (12 à 15 kilomètres) et une grande variété de roches. Ces roches sont en général cristallines, mais à un moindre degré que les roches laurentiennes. Pas plus que dans ces dernières on n'y trouve de fossiles. Il renferme des masses considérables de roches ignées d'origine éruptive.

Comme il a été dit plus haut, le Huronien est réparti en îlots allongés sur le Laurentien. Six grandes bandes de ce genre, orientées suivant une direction générale Sud-Ouest-Nord-Est, se montrent dans les deux districts dont nous avons à nous occuper spécialement.

Ces terrains sont plissés sous des angles assez prononcés; cependant les plis sont moins aigus que ceux du Laurentien sur lequel ils reposent généralement en concordance.

Les couleurs dominantes sont le vert et le gris foncé; la structure est fine et schisteuse, et ces deux caractères différencient nettement le Huronien du Laurentien. De même encore les roches sont le plus souvent basiques au lieu d'être acides.

On a proposé de diviser le terrain huronien du Canada en deux étages : inférieur et supérieur, mais l'étude de ces terrains n'est pas encore assez avancée pour que l'on puisse tracer nettement la division ou figurer avec certitude la distribution géographique.

L'étage inférieur comprendrait principalement des schistes cristallins et des micaschistes verts ou gris foncé, diverses roches granitoïdes, des gneiss imparfaits, des minerais de fer et des dolomies. On y trouve aussi des conglomérats à pâte dioritique ou argileuse et à galets de schistes ou de roches granitoïdes acides mais rarement des gneiss.

Le Huronien supérieur est caractérisé par des grauwackes et des brèches; il comprend aussi des schistes argileux, des quartzites, des conglomérats de jaspe et autres roches, des dolomies, des serpentines, etc.

Les roches éruptives qui sont très abondantes à travers les deux étages du Huronien, se composent de roches granitoïdes, en masses compactes, en dykes ou en lits interstratifiés.

Le terrain huronien est le grand système métallifère de l'Ontario. Toute la série est plus ou moins riche en métaux et autres substances utiles. On trouve entre autres dans le Huronien :

La magnétite, l'hématite et la pyrite de fer; la chalcopyrite, la pyrrhotine, la phillipsite et la millérite, la galène, la blende, l'argent natif et l'argyrose, enfin l'or sous diverses formes et, spécialement, la sylvanite.

Le terrain Cambrien, caractérisé par les trilobites, repose presque horizontalement sur les plissements érodés des roches primitives.

On l'a divisé au Canada, en trois étages que l'on a dénommés, en allant de bas en haut : l'Animikie, le Nipigon et le Postdam.

Le mot Animikie signifie tonnerre dans un dialecte indien ; il a été adopté en raison de l'importance de cet étage autour de la Baie du Tonnerre. On évalue la puissance de cet étage à 2500 ou 3000 pieds.

Il présente à sa base un conglomérat arénacé verdâtre à galets de quartz, de jaspe et de schiste, puis de minces lits de silex souvent de couleurs foncées, avec couches d'argile et de dolomie et au sommet, des schistes noirs et gris, avec gris et dolomie, souvent riches en fer magnétique. On y trouve aussi des nappes ou des masses intrusives de trapp (diabase).

Ces schistes forment le sous-étage le plus puissant de beaucoup de l'étage Animikie. Ils présentent souvent des concrétions lenticulaires ou sphéroïdales d'un volume quelquefois considérable.

CHAPITRE IV

LA BAIE DU TONNERRE

Il y a d'assez grandes surfaces d'animikie dans le district de la Baie du Tonnerre, au Nord-Ouest de cette baie.

Ce terrain contient de nombreux filons d'argent qui courent principalement dans deux directions générales, l'une voisine de est-nord-est, l'autre de nord-nord-ouest. La gangue en est presque toujours très cristalline, formée d'une brèche présentant de nombreuses druses. Elle est constituée de quartz blanc et de spath calcaire mêlés de fragments des épontes et d'une petite quantité de spath fluor vert et violet; quelquefois cette gangue est riche en baryte. Une partie du quartz est presque toujours améthiste. Les filons sont plus nettement définis quand ils traversent les couches plus dures ou les nappes de trapp; dans les couches plus tendres, ils s'épanouissent volontiers en *stringers*, se perdent dans des rejets ou s'amincissent jusqu'à disparaître.

L'argent se trouve à l'état natif, en grains, en fils, en inflorescences ou à l'état d'argyrose (sulfure), en feuilles ou en petites masses, rarement en cristaux. L'argent est associé dans presque tous les filons à la blende, à la galène, aux pyrites de fer et de cuivre.

Au-dessus de l'Animikie et dans certaines parties du district de la baie du Tonnerre, particulièrement autour du Lac Nipigon, repose en discordance un groupe de couches pour lequel on a proposé le nom de Nipigon, sans qu'on puisse toutefois le séparer sûrement de l'étage sous-jacent ni en tracer la distribution géographique.

L'étage Nipigon serait caractérisé par des marnes, des grès et des conglomérats rougeâtres, dont une grande partie est amygdaloïde.

On lui attribue en un point une épaisseur de 600 pieds. Il est souvent recouvert de puissants épanchements de trapps interstratifiés avec lui. On trouve dans le Nipigon du cuivre natif, de la blende, de la galène et quelques minerais de fer.

Nous ne parlerons pas ici de l'étage supérieur du terrain cambrien, pas plus d'ailleurs que des terrains plus récents de la province d'Ontario, parce qu'on ne les rencontre pas dans les deux districts qui nous intéressent.

CHAPITRE V

LE LAC DES BOIS

PARTIE NORD

L'horizon de roches schisteuses qui se montre au milieu des gneiss granitoïdes, dans les parties nord du Lac des Bois, a été, jusqu'en 1885, classé dans le terrain huronien. Mais, à cette époque, M. Andrew G. Lawson, après une étude plus détaillée de cette région, reconnut des différences assez marquées entre la série de roches qui la constitue et celles auxquelles Logan avait attribué en 1863 le nom de terrain huronien. Il proposa donc d'éviter cette désignation pour cette série schisteuse et de lui donner un nom nouveau. Il appela ce terrain *Keewatin*, d'un mot indien qui signifie nord-ouest ou vent du nord-ouest et qui servait de nom au pays où se voient ces roches.

D'après M. Lawson, on trouve dans cette région, au-dessus des gneiss et des granites du Laurentien, les roches énumérées ci-dessous.

Les schistes à hornblende se présentent au contact des granites et forment la base de l'étage keewatin. Ils sont noirs et nerveux, compacts ou feuilletés, à grain assez fin.

Les diabases et diorites, massives ou schisteuses, forment des masses puissantes associées aux schistes à hornblende, tantôt en lits interposés, tantôt en intrusions irrégulières. La serpentine est plus rare et se présente en poches dans les schistes.

Sur cette formation reposent des roches fragmentées, de gros blocs agglomérés et des conglomérats qui, souvent, passent aux micaschistes et aux schistes à hornblende.

Les micaschistes, les ardoises micacées, les ardoises argileuses et les quartzites forment ensuite un groupe de roches intimement mélangées. Le métamorphisme paraît avoir joué un rôle prépondérant dans leur formation.

Les schistes micacés et chloritiques sont en général intimement associés aux roches agglomérées. On passe en effet des unes aux autres soit suivant les lits, soit à travers les lits. Ces schistes forment des sédiments de matières dont l'origine est probablement volcanique.

Enfin, au sommet, on trouve des dolomies de couleur verte ou jaunâtre.

Le Keewatin occupe une surface de la forme générale d'un parallélogramme entouré de toutes parts par les gneiss laurentiens. L'ensemble constitue un grand bassin fortement plissé suivant une direction générale nord-80° est, dans lequel s'est déposée localement une forte épaisseur de roches particulières.

Dans ce parallélogramme on rencontre de nombreuses injections de granite ordinairement rouges ; on en connaît dix principales. Ce granite a traversé le gneiss sous-jacent et plusieurs parties du Keewatin ; les intrusions suivent les lignes de plissement.

De nombreux et puissants filons de quartz aurifère traversent les schistes à hornblende. On a cru d'abord qu'ils appartenaient à deux systèmes de fracture dirigés l'un nord-sud et l'autre est-ouest, mais on a reconnu depuis des filons de direction intermédiaire et l'ensemble des filons paraît plutôt former un système unique de fractures au voisinage des masses éruptives de granite. Ils sont, en général, parallèles à la ligne de séparation des deux terrains et plongent vers les masses granitiques.

Tout le pays porte la trace d'actions glaciaires puissantes et profondes.

CHAPITRE VI

LAC DES PLUIES

Le lac des Pluies, situé au sud-est du lac des Bois, se trouve, comme ce dernier, dans les roches archéennes. Ces roches s'y divisent aussi nettement en deux terrains : à la base le Laurentien formé de gneiss et de granit et, au-dessus, une série de couches schisteuses métamorphiques.

Les plus élevées de ces couches font suite à celles du Keewatin du lac des Bois et leur sont identiques; mais on trouve de plus, principalement au sud de la région, au-dessus du Laurentien et au-dessous de cette série supérieure, une importante formation qui n'existe pas au lac des Bois et pour laquelle M. Lawson a encore dû proposer une dénomination nouvelle tirée du nom indien du pays : il l'a nommée *Couchiching*.

Le Couchiching est une formation volumineuse de 22.000 à 28.000 pieds de puissance, de micaschistes, de schistes à la fois micacés et feldspathiques et de gneiss à foliation régulière, à grain fin et de couleur grise. Toutes ces roches sont très riches en quartz et ont subi un profond métamorphisme.

Le Couchiching, comme le Laurentien sur lequel il repose et le Keewatin qui le recouvre, est souvent traversé par de puissantes injections de granit, tantôt grossier et couleur de chair, tantôt porphyrique, tantôt encore très riche en quartz et associé à des granulites et à des protogines qui entourent l'éruption granitique principale.

Le Laurentien ne paraît pas contenir de filons métalliques. C'est dans le Couchiching qu'ont été découverts de nombreux filons de quartz aurifère.

TROISIÈME PARTIE

DESCRIPTION GÉNÉRALE DES FILONS
MODES DE GISEMENT DES MINERAIS

Cette partie traitera de la nature, de la situation et de l'allure des filons. Elle donnera aussi le mode de gisement, l'espèce et la qualité des minerais et des gangues.

Pendant notre voyage, nous avons fait beaucoup d'observations; d'un autre côté, nous avons obtenu quantité de renseignements. Pour ne pas allonger le présent rapport de tous ces détails, nombreux et minutieux, nous les avons placés en annexes.

Comme le degré de certitude varie suivant qu'il s'agit de renseignements recueillis ou d'observations faites, nous avons rassemblé tous ces renseignements ainsi que le récit de la façon dont nous avons fait nos tournées en une annexe n° 5, intitulée « *Renseignements* ». Nous avons mis à part nos constatations personnelles en une annexe n° 6, intitulée « *Constatations* ».

Nous n'avons pu voir autant de points que nous l'aurions voulu, ni visiter autant de travaux qu'il eût été désirable; car, ainsi qu'on pourra le voir à l'annexe n° 5, malgré toutes nos instances, et bien que nous n'ayons ménagé ni notre temps ni nos peines, il nous a été de toute impossibilité d'étudier les mines et filons autant et d'aussi près que le comportait l'objet de notre mission.

La troisième partie fera donc connaître la description sommaire des filons et des minerais en se référant à ses annexes. Elle est divisée en trois chapitres :

4

Le chapitre VII est relatif à la région argentifère de la Baie du Tonnerre.

Le chapitre VIII traite du district aurifère du lac des Bois.

Le chapitre IX se rapporte aux gisements aurifères de la Rivière Seine.

CHAPITRE VII

RÉGION ARGENTIFÈRE DE LA BAIE DU TONNERRE

Comme on l'a vu dans la deuxième partie, les gisements argentifères de la Baie du Tonnerre sont situés dans un étage du Cambrien appelé Animikie.

Ces filons affleurent le plus souvent sur les *Bluffs* de trapps qui surmontent les schistes ; mais, en profondeur, ils plongent dans ces derniers. On peut généralement suivre le filon à la surface, le long de la colline ; cependant, quelquefois, il y pénètre et cesse d'être visible.

Les affleurements se composent ordinairement de veinules injectées dans les trapps superficiels. Ces veinules se réunissent en profondeur et forment alors le gisement proprement dit.

Ces filons sont de vrais filons de fracture, comme l'indique leur répartition en deux directions rectangulaires : la première nord-ouest-sud-est, à laquelle appartiennent Silver Islet et Beaver ; la deuxième, nord-est-sud-ouest, c'est celle de la plupart des autres mines que nous avons visitées.

Ils sont généralement au voisinage de dykes de diabase. Quelques gisements, comme celui de Rabbit Mountain, sont dans de vraies failles avec rejet.

Ces filons ont une direction rectiligne, quelquefois ondulée et courbée, mais sans brusques variations; plusieurs d'entre eux ont été reconnus sur plusieurs milles et exploités sur des centaines de pieds.

Leur pendage est à peu près vertical, variant de 0 à 15° d'inclinaison, tantôt à l'est et tantôt à l'ouest, sans préférence appréciable. Ce plongement, observé à la surface, s'est conservé le plus souvent jusqu'à de grandes profondeurs, comme à Beaver et à Silver Islet. De plus, l'inclinaison subit rarement des changements importants.

Les filons sont parfois rejetés par des failles, mais ces accidents ne sont ni fréquents ni importants.

Les roches encaissantes sont généralement les schistes de l'Animikie; ils sont noirs, tendres, à grain fin, feuilletés et facilement clivables. Leur épaisseur, qui est d'environ 300 pieds au nord du district, va en augmentant vers le sud et pourrait atteindre 1.000 pieds. Cette augmentation de puissance permet donc de supposer que les mines qui s'ouvriraient au voisinage du lac Supérieur auraient des chances de voir leurs filons s'enfoncer davantage. C'est le cas de Silver Islet qui a atteint 1.350 pieds de profondeur, et ce pourrait être celui de mines ouvertes sur les terrains de la Banque qui sont aussi au sud du district.

Les schistes sont surmontés de porphyres quartzifères grenus, verts, très durs, appelés trapps, qui se dressent en falaises verticales, le plus souvent columnaires, de 40 à 100 pieds de hauteur. Ces trapps sont recouverts eux-mêmes, en certains endroits, de schistes plus récents.

Au-dessous des schistes noirs, se trouvent des lits siliceux dont l'épaisseur varie de 400 pieds, à Silver Harbour, à 700 pieds, à Beaver. Ces roches ne sont pas suffisamment compactes pour garantir toujours les mines qui sont au voisinage des lacs de l'invasion des eaux. C'est ainsi que Silver Islet, par exemple, a été inondée deux fois.

Le remplissage des filons est cristallin, et l'on y trouve de beaux spécimens des différents minéraux qu'ils contiennent.

La gangue est composée de calcite, de quartz et de spath fluor.

La première est, le plus souvent, blanche, quelquefois rose, à cassure nette, tendre, cristallisée en gros éléments. Dans un filon de la mine Rabbit Mountain, cette calcite était même du spath d'Islande, translucide, un peu violacé et en beaux cristaux.

Le quartz est blanc et améthyste, en gros cristaux.

Enfin, le spath fluor se trouve en masse cristalline peu nette.

Quelquefois, comme à Silver Islet, on trouve, en outre, du graphyte amorphe mêlé à la gangue.

De plus, les épontes, surtout quand elles sont en schistes, sont mêlées au remplissage ; dans certains cas, elles forment de véritables masses intrusives de plusieurs pieds d'épaisseur qui coupent et divisent le filon. Ces intrusions, quand elles sont épaisses, n'ont que l'inconvénient de séparer le filon en deux ; mais si elles n'ont pas des dimensions suffisantes, elles obligent le mineur à abattre, sans profit, une grande quantité de roche stérile.

Les épontes sont formées des roches encaissantes, mais sont généralement peu nettes et mal définies.

Quelquefois le remplissage a conservé sa puissance jusqu'à 300 et 400 pieds de profondeur ; mais souvent le filon a donné naissance à de petites veinules qui s'étendent dans les épontes.

Pour les exploiter, il aurait fallu abattre beaucoup de roches stériles ; aussi d'ordinaire ne les a-t-on pas travaillées. Mais, dans ce cas, c'était autant de minerai écarté du filon principal et perdu pour l'exploitant.

Les espèces minérales contenues dans le remplissage sont : la galène grise, la pyrite de fer jaune clair, la blende résineuse et la blende noire, le tout nettement cristallin, et enfin l'argyrose et l'argent natif.

Ce dernier se trouve, dans quelques mines, mêlé au quartz et à la calcite. Il est en fils ou en petites masses amorphes.

L'argyrose est le plus souvent en feuilles interposées entre les clivages de la calcite, entre les cristaux de quartz, et quelquefois entre les feuillets des schistes. Elle se trouve aussi en bouquets, c'est-à-dire en masses amorphes disséminées entre des cristaux de quartz ou de calcite.

Enfin, rarement, à Silver Islet notamment, on a trouvé de l'argent arsenical.

La puissance des filons varie de 1 à 6 pieds. Mais chacun d'eux a une épaisseur régulière, continue et qui semble se conserver jusqu'à de grandes profondeurs.

Cependant la minéralisation, quoique riche, s'y trouve irrégulièrement distribuée. Ce sont des poches de minerai dont la teneur en argent est souvent très élevée; mais leur importance, leur position et leur forme sont très variables et sans loi de répartition connue. Ces concentrations se sont sans doute créées au détriment des parties voisines qui sont pauvres, et obligent l'exploitant à faire d'importants travaux pour passer d'une poche à une autre.

Les minerais d'argent ont des teneurs très variables, comme on peut le voir aux annexes. Ainsi à la mine Beaver, on a obtenu de 3 à 734 dollars d'argent à la *short ton*. Du reste, le minerai des poches était si riche que certaines mines n'envoyaient à l'usine que les minerais tenant plus de 25 dollars d'argent à la *short ton*; c'est ce qui explique que certains tas de déblais puissent avoir encore des teneurs élevées.

Quant au pointement de cuivre que nous avons visité, il était encaissé dans les mêmes trapps que les filons d'argent.

Le remplissage se composait de mouchetures de cuivre natif dans une gangue de trapp amygdaloïde à zéolithes et à glauconie, de calcite bien cristallisée et de quartz.

L'échantillon que nous avons détaché a donné aux essais 4^{kil}, 600 de cuivre et 41 grammes d'argent par 1.000 kilogrammes.

Mais comme il n'y avait aucun travail un peu important sur ce pointement, et qu'il était impossible de voir d'autres affleurements du filon, nous ne pouvons en donner une description plus complète.

CHAPITRE VIII

DISTRICT AURIFÈRE DU LAC DES BOIS

Ainsi que nous l'avons dit dans la seconde partie, les gisements aurifères du Lac des Bois sont dans un étage du terrain huronien appelé Keewatin.

Ces filons sont, contrairement aux précédents, des filons de contact. Ils sont le plus souvent situés dans les schistes à hornblende et à chlorite, et au voisinage des massifs de granit. Les mines Ophir et Sultana en montrent deux exemples bien nets. Aussi, dans cette région, les filons ont toutes les directions, car celles-ci sont réglées exclusivement par les lignes de contact qui sont orientées de façon quelconque.

Mais ces directions sont peu variables pour chaque filon, et l'on a pu ainsi en reconnaître plusieurs sur deux ou trois milles de longueur sans qu'ils présentent de grandes variations d'alignement.

Les affleurements de ces filons sont très nets et, le plus souvent, on y voit le filon avec toute sa puissance. Ils forment dans les schistes verts des bandes blanches et jaunes facilement reconnaissables. A la surface, le quartz est généralement amygdaloïde, rouillé et sali par l'oxyde de fer provenant de la décomposition de la pyrite. Quelquefois ces affleurements sont recouverts d'un chapeau composé de schistes fortement imprégnés de pyrite de fer, comme à Sultana Junior.

Le sens du pendage est variable d'une mine à l'autre; l'inclinaison varie de 0 à 5° environ sur la verticale. Ces filons peu inclinés conservent leur pendage en profondeur. A la mine Sultana, par exemple, on est descendu à 284 pieds, et le puits qui suit le mur a toujours eu la même pente.

Les épontes sont généralement composées de quartzites et de schistes amphiboliques verts, talqueux, plus foncés s'ils contiennent de la hornblende; ils sont durs, feuilletés, peu clivables et souvent imprégnés de pyrite de fer. Ces roches encaissantes sont compactes, dures, peu fissurées et semblent devoir permettre l'exploitation d'un filon au-dessous et à proximité du lac.

Le plus souvent, le mur est à peu près vertical, très net et très lisse. Si le gisement s'élargit, c'est que l'inclinaison du toit augmente en profondeur. Aussi coupe-t-on le toit pour faire les puits, et on pose les guides sur le mur.

La puissance des filons varie de quelques pouces à 8 pieds, sauf à la mine Sultana, où elle atteint jusqu'à 60 pieds. Dans ce district, les filons conservent leur épaisseur en s'approfondissant.

Ces filons sont compactes et présentent rarement de ces veinules secondaires qui constituent une perte pour les exploitants.

Leur minéralisation est régulière, et le métal se trouve uniformément réparti dans toute la masse; aussi, contrairement à l'argent, peut-on abattre utilement toute l'épaisseur du filon.

La gangue est formée de quartz blanc, rose ou grisâtre, en masses grossièrement cristallines. Elle contient un peu de galène, de la pyrite de fer et de cuivre en abondance dans certains cas. Elle tient aussi de l'or.

Ce dernier est généralement à l'état libre, mais rarement visible aussi est-ce seulement à la batée ou à l'aide de l'analyse que l'on peut apprécier la teneur du minerai. De plus, au voisinage de la surface, les pyrites ont été décomposées, laissant l'or libre et facilement amalgamable. Mais dès que l'on s'enfonce dans le filon, le métal est plus intimement associé aux pyrites qui sont, dans ce district, légèrement arsenicales et alors il devient réfractaire. Aussi, comme on pourra le voir à l'historique et aux annexes nos 4 et 5, la difficulté de traiter ces minerais sulfurés arsenicaux, et l'ignorance de certains directeurs qui ont voulu en tirer l'or par simple amalgamation, ont été des causes de ruine pour plusieurs des mines de cette région. Seul, le filon de Sultana, qui paraît être moins réfractaire, a pu être exploité avec profit. Du reste, depuis longtemps, on a fait dans ce district, de nombreuses tentatives pour exploiter les minerais arsenicaux; on y a dépensé à cet effet des sommes considérables et, jusqu'à présent, on semble avoir échoué.

La teneur moyenne en or de ces minerais est de 15 à 20 dollars à la *short ton*.

CHAPITRE IX

DISTRICT AURIFÈRE DE LA RIVIÈRE SEINE

Dans la région de la rivière Seine, les filons sont, comme l'indique la seconde partie, dans un étage du terrain huronien appelé Couchiching.

Ces filons sont des gisements de contact; ils sont le plus souvent, dans une roche qui est tantôt la protogine, tantôt la granulite, et, quelquefois, dans les schistes verts à amphibole et à hornblende. ils sont situés au voisinage des lignes de contact du granit rose ou d'un conglomérat vert avec les schistes qui les entourent.

Les affleurements sont nets et ordinairement rectilignes; ils peuvent être suivis quelquefois sur une grande longueur, comme à la mine Weigand, et montrent bien l'allure du gisement et la nature de son remplissage.

Les directions des filons sont très variables et dépendent surtout de l'orientation du contact des terrains encaissants.

Le pendage et les épontes montrent les mêmes caractères qu'au lac des Bois, et ils se conservent en profondeur, comme on le voit à la mine Foley, où les travaux sont descendus à 210 pieds. Les roches qui forment les épontes paraissent assez compactes pour empêcher l'eau des lacs de pénétrer dans les travaux.

La puissance des filons varie depuis quelques pouces jusqu'à 6 pieds. Elle paraît changer en profondeur; ainsi à la mine Foley, un filon s'est élargi tandis que l'autre a diminué en s'enfonçant. Ces filons ne présentent pas, en général, de veinules qui se détachent du gisement, et, par suite, on peut tirer parti de toute la richesse minérale. Toutefois, à la mine Weigand, un filon se divise en nombreuses veinules; mais l'ensemble de celles-ci produit un champ de filons important qui semble avoir concentré la minéralisation.

Le remplissage est formé de quartz blanc, bleuâtre et rouillé, contenant de l'or libre et montrant même parfois de l'or visible.

En profondeur, le minerai devient vite réfractaire; il porte l'or intimement mélangé à des sulfures parmi lesquels domine la pyrite de fer; mais il ne semble pas qu'il soit arsenical au point d'empêcher le traitement par amalgamation. Il se peut que, par un grillage préalable, ce minerai soit rendu susceptible d'être utilement traité par une usine à bocards.

La teneur moyenne en or de ces minerais paraît être d'environ 20 dollars à la *short ton*. Quelques-uns d'entre eux montrent aussi un peu d'argent.

5

QUATRIÈME PARTIE

CONDITIONS GÉNÉRALES DU PAYS

Dans la quatrième partie, on exposera, avec un résumé succinct de la législation des mines dans l'Ontario, la façon dont les exploitations se sont constituées et développées dans le pays, on fera connaître aussi les conditions économiques de la contrée.

Cette partie est ainsi divisée en trois chapitres :

Le chapitre X est consacré à l'exposé de la législation des mines dans la province de l'Ontario.

Le chapitre XI traite de l'organisation des mines, des causes de leur prospérité et de leur décadence.

Le chapitre XII donne les conditions économiques.

CHAPITRE X

LÉGISLATION DES MINES DANS L'ONTARIO

Les premiers règlements miniers concernant la province d'Ontario ont été édictés le 12 septembre 1845.

Cette loi, complétée et modifiée en 1846, réglait l'étendue et les conditions d'obtention des permis de recherches et des concessions.

La loi paraissant trop étroite pour permettre le développement des mines du pays, on l'a élargie en 1853. Elle s'efforçait alors à concilier des permis de recherches peu coûteux pour de grands territoires, avec le privilège d'acheter des concessions dont l'étendue était fixée au maximum à 400 acres.

En 1861, la loi fixe le prix des concessions à 1 dollar l'acre, payable en espèces, au moment de l'achat de la concession.

Un important changement vient modifier la loi en 1862. Il est décidé qu'une taxe annuelle de 2,50 0/0 de la valeur du minerai préparé, sur le carreau de la mine, pour la vente, sera versée au Trésor.

En 1864, la loi impose le géomètre officiel pour l'établissement des plans de la concession, et décide que celles-ci seront limitées par des lignes nord-sud et est-ouest. Elle remplace la taxe sur la production par un droit de 1 dollar par tonne de minerai extrait.

Du 30 juin de la même année date le *Gold Mining Act* qui s'appliquait seulement aux mines d'or. C'est la première loi minière des provinces unies du Canada supérieur et inférieur. Elle crée le service des mines.

Cette loi, modifiée et complétée en 1865 et 1866, aboutit à la loi sur les mines d'or et d'argent de 1868. Elle supprime le droit précédent et rétablit une taxe variable de 2 à 10 0/0, à déterminer par ordre en Conseil.

En 1869, une grande extension est donnée à la loi qui devient le *General Mining Act* et s'applique, pour la première fois, à toutes les substances minérales.

Cette loi instituait deux régimes de concessions : la pleine propriété sous le nom de *Mining Location*, et la licence d'exploitation sur des terrains appelés *Claims*.

La taxe est supprimée, mais les *Mining Locations* se vendent 1 dollar par *acre* jusqu'en 1886 et 2 dollars après cette date.

Les dimensions des *Locations* sont fixées à 320 — 160 — 80 acres, dans les territoires dont le plan n'est pas établi. Dans les communes du même territoire dont le plan a été dressé et divisé en sections, chaque *Location* devra consister en $\frac{1}{2}$, $\frac{1}{4}$ ou $\frac{1}{8}$ de section. Sur les autres territoires, un ordre en conseil fixera la limite des concessions.

L'acte de 1868 prévoyait la limitation verticale de la propriété ; celui de 1869 dit que toute concession comprend l'*autorisation de faire les travaux suivant le pendage.*

Enfin, la dernière loi est le *Mines Act* de 1892.

Elle se divise en quatre chapitres : Clauses générales, *Mining Locations*, *Mining Claims*, Règlements de l'exploitation des mines. En voici le résumé :

Il est créé dans la Province un bureau des mines qui relève du département des terrains de la Couronne et qui est chargé d'administrer les seuls territoires dont la topographie a été officiellement faite *(Surveyed Territories)*.

Le Bureau des mines publie un rapport annuel sur les mines de la Province.

La redevance est fixée en conseil, mais ne peut excéder 3 0/0 pour tous les métaux, excepté l'argent, le cuivre et le nickel, pour lesquels la redevance est établie, dès maintenant, à 3 0/0, et aussi pour le fer qui paiera 2 0/0.

On calcule cette taxe sur la valeur du minerai disponible sur la halde, on en déduit le prix de la main-d'œuvre et des explosifs.

Le paiement de la taxe n'est exigible que sept ans après la délivrance de la Patent ou du Lease.

Les concessions sont rectangulaires, orientées nord-sud et est-ouest et d'une surface de 40, 80, 160 ou 320 acres.

Leur prix varie de 2 1/2 à 3 dollars par acre, suivant la distance qui les sépare d'un chemin de fer et suivant qu'il s'agit d'un territoire dont la topographie a été faite ou d'un territoire dont le plan n'a pas encore été levé.

Ce prix peut être augmenté et même, le terrain minier peut être déclaré non concessible par le gouvernement, en cas de grande richesse minérale reconnue.

Le demandeur de concession peut obtenir : soit un titre de propriété en payant la pleine taxe, soit un droit de jouissance annuelle moyennant paiement de 1 dollar par acre la première année, et de 25 cents les années suivantes ; cela au nord des Lacs.

Ce droit de jouissance est donné pour dix ans avec faculté de renouvellement au même prix et pour le même temps, si les conditions imposées par la loi ont été observées. Les renouvellements suivants se font tous les vingt ans.

Le locataire a toujours le droit d'acheter la concession quand il veut et, à ce moment, on lui déduit du prix d'achat les droits qu'il a payés la première année.

Ce système de concessions par *Leases* est très en faveur auprès des mineurs de la région.

Que la concession appartienne à l'un ou à l'autre des deux systèmes, son possesseur est tenu de faire une dépense, en travaux, de 4 dollars par acre et par an, si la concession est inférieure à 160 acres, et de 5 dollars si elle est plus grande. Cette dépense doit être justifiée pendant les sept premières années qui suivent la délivrance du titre de propriété ou l'autorisation d'exploiter. Les travaux doivent être exécutés par de véritables ouvriers mineurs.

Si ces conditions ne sont pas remplies, la concession fait retour à la Couronne.

Quand le concessionnaire est propriétaire de la *Location*, il perd dans ce cas ses droits miniers, mais conserve tous ses autres droits sur les terrains.

Pour l'obtention de la concession, le propriétaire a le privilège de la priorité, excepté s'il est devancé par l'inventeur.

Quand le concessionnaire est le propriétaire, il ne paie que la moitié des droits.

D'après les renseignements que nous avons recueillis, de grandes facilités seraient accordées aux demandeurs de concessions. Moyennant une somme très faible, ils peuvent travailler un certain temps leur découverte sans acquitter les droits, et avec la certitude de pouvoir acquérir la *Location* ou le *Lease* quand ils le veulent.

Comme ces extraits le montrent, la loi est très favorable aux prospecteurs. Elle a été faite surtout en vue de faciliter l'exploitation des richesses minérales du pays et d'y attirer les mineurs et les capitaux.

En outre, l'Administration des mines publie de nombreux rapports sur la région et les distribue avec libéralité.

CHAPITRE XI

ORGANISATION DES MINES — CAUSES DE LEUR PROSPÉRITÉ OU DE LEUR DÉCADENCE

Le prospecteur, soit qu'il agisse pour son propre compte, soit que d'autres le paient pour son travail, part avec quelques compagnons, des vivres, une tente et des outils à la recherche des filons. Ces expéditions se font pendant six mois de l'année, de mai à novembre.

Pour découvrir les gisements, le hasard joue un grand rôle. Le plus souvent, on les trouve, soit en cherchant attentivement les morceaux détachés provenant des affleurements et en montant ensuite la pente du terrain, soit en s'élevant sur un *bluff* et regardant celui qui lui fait face pour chercher si ce dernier montre une dépression. Celle-ci, en effet, peut être produite par le filon dont le remplissage, plus tendre que les trapps encaissants, a été plus facilement érodé.

Quand, par ces moyens, le prospecteur a constaté des traces blanches de quartz ou de calcite, il dit avoir trouvé un filon. Il fait alors lever, par un géomètre officiel, le plan du terrain et il prend la *Location* ou le *Lease*.

A ce moment, ses ressources sont le plus souvent épuisées. Il va alors à la ville la plus proche chercher de boutique en boutique des amis qui lui prêtent de l'argent. Ceux-ci n'accèdent en général à cette demande que moyennant un intérêt élevé dans l'affaire ou achètent le *prospect*.

Le prospecteur va ensuite tracer le filon pour son compte ou pour celui de l'association ainsi formée. A cet effet, il en décroûte les affleurements et fait quelques puits d'essai de 10 à 20 pieds de profondeur.

Quand il a ainsi reconnu la longueur du filon et prouvé l'existence du minerai, il cherche à vendre sa propriété. Le plus souvent, il en exige un gros prix, mais le besoin d'argent et la concurrence l'amènent généralement à baisser ses prétentions.

Dans la région aurifère, on nous a dit qu'un *prospect* ainsi reconnu sur une concession de 40 acres, se vend de 2.000 à 3.000 dollars s'il est à 20 milles au moins du rivage. Mais si le filon est près du rivage et s'il a bonne apparence, sans travaux préparatoires cependant, le *prospect* vaut 12.000 à 15.000 dollars.

Dans le district argentifère, il y a sept ou huit ans, on a vendu des filons ainsi reconnus 200.000 à 300.000 dollars, sans certitude d'existence de minerai en quantité suffisante pour rémunérer ce gros prix d'achat. Cette façon d'agir a naturellement provoqué la ruine des acheteurs et a commencé à éloigner les capitaux.

De plus, il y a eu quelques tromperies colossales, comme une mine d'étain fabriquée de toutes pièces par des Américains à Sault-Sainte-Marie et vendue 400.000 dollars. De tels faits ont encore augmenté la méfiance des capitaux.

Quand le prospecteur réussit à vendre sa concession, les acheteurs fondent généralement une Société anonyme pour l'exploitation de la mine. Cette Société est toujours à gros capital nominal, mais une faible partie seulement des actions émises est versée en numéraire.

On choisit alors la place où le minerai semble le plus riche, pour y foncer des puits de 20 à 30 mètres. Ces puits sont peu boisés à cause de la dureté des roches encaissantes. On y commence ensuite des niveaux, distants d'environ 100 pieds en profondeur, et qui servent à reconnaître le filon.

L'ensemble de ces travaux permet de mettre en évidence une certaine quantité de minerai, comme par exemple 1.000 à 2.000 tonnes.

Ces travaux exécutés, on installe immédiatement une usine de cinq à vingt bocards, sans savoir si l'on aura assez de minerai pour l'alimenter un certain temps, ou si elle conviendra pour traiter ce minerai. L'existence de ces usines, pour ces motifs, est souvent bien éphémère; on en cite qui n'ont travaillé que quelques mois, et même l'une d'elles n'a fonctionné que pendant trois jours.

La mine, ainsi ouverte et pourvue d'une usine de traitement, a l'ap-

parence d'une mine prospère; c'est ce qu'on appelle dans le pays un
« good showing ».

On profite de cette apparence pour vendre de nouvelles actions, et
réunir enfin un capital suffisant pour commencer véritablement
l'exploitation.

Dans les filons d'argent, à cause de la distribution des parties miné-
ralisées en amas, certaines mines ont fait de riches bénéfices pendant
l'exploitation de ces poches. On a distribué ces profits en dividendes;
mais souvent il est arrivé que, l'amas épuisé, on a manqué des capitaux nécessaires pour faire les travaux permettant d'en trouver un
autre et la mine a dû s'arrêter.

Cette façon d'ouvrir et de travailler des gisements est contraire à
une bonne exploitation et a contribué pour une bonne part à la fermeture des mines de la région.

De plus, certains directeurs se sont livrés à de grands abus; il y
a eu des dilapidations.

Dans d'autres cas, les mines ont été fort mal dirigées. Certain
directeur, payé 26 dollars par mois, n'était qu'un ancien charretier ou
un ancien pêcheur qui conduisait mal les travaux et les payait le
double de leur valeur. Ainsi, à Rabbit Mountain, on a payé 35 dollars
par pied pour faire un puits jusqu'à 32 pieds de profondeur, alors que
ce travail ne valait pas plus de 16 dollars au maximum.

Mais la raison qui a le plus contribué à la fermeture des mines
d'argent, c'est la baisse de ce métal.

Pour permettre de juger clairement et rapidement de la baisse
du cours de l'argent, nous avons tenu à présenter les deux tableaux
qui suivent.

Le premier donne, en dollars, le cours moyen de l'argent à
mille millièmes de fin, à Londres, de 1833 à 1890.

Depuis 1833 jusqu'à 1850, l'argent s'est maintenu sensiblement
à un prix très voisin de $1 \frac{30}{100}$ dollar l'once.

De 1851 à 1872, le cours est resté voisin de $1 \frac{34}{100}$ dollar,
avec un maximum, en 1859, de $1 \frac{36}{100}$ dollar et un minimum de $1 \frac{325}{100}$
en 1869.

De 1869 à 1889, la baisse a été continue et le cours a passé de

Cours annuel moyen de l'argent a Londres de 1833 a 1890

Prix de l'once d'argent pur en dollars

1 dollar 40 cents l'once

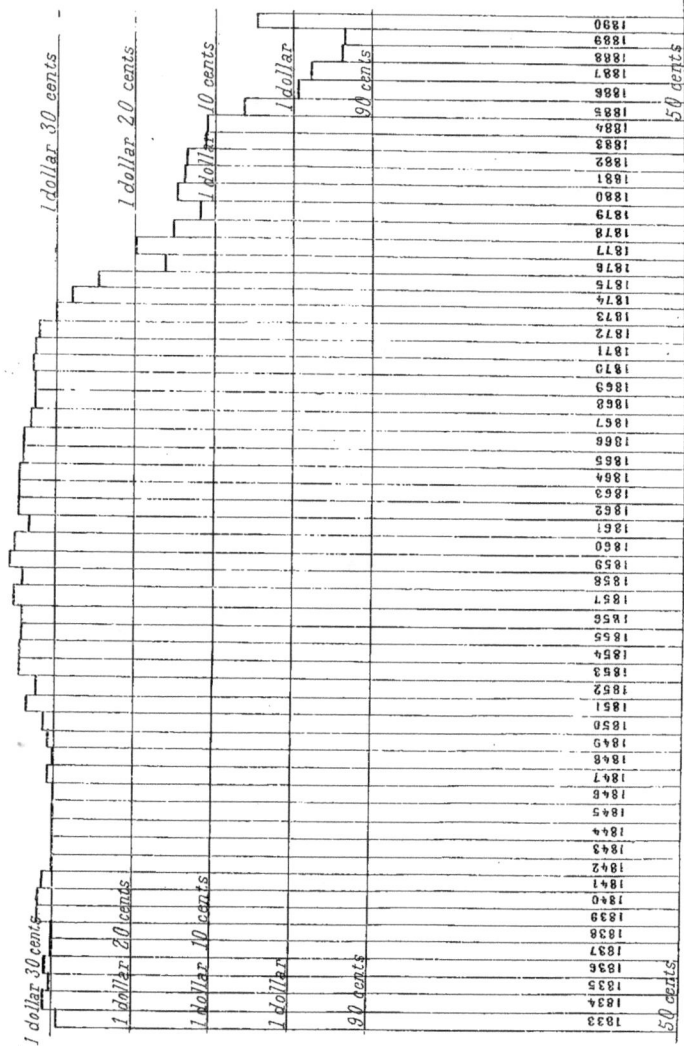

1 dollar 40 cents l'once

1 dollar 30 cents

1 dollar 20 cents

1 dollar 10 cents

1 dollar

90 cents

50 cents

1 dollar 40 cents l'once

1 dollar 30 cents

1 dollar 20 cents

1 dollar 10 cents

1 dollar

90 cents

50 cents

1833 1834 1835 1836 1837 1838 1839 1840 1841 1842 1843 1844 1845 1846 1847 1848 1849 1850 1851 1852 1853 1854 1855 1856 1857 1858 1859 1860 1861 1862 1863 1864 1865 1866 1867 1868 1869 1870 1871 1872 1873 1874 1875 1876 1877 1878 1879 1880 1881 1882 1883 1884 1885 1886 1887 1888 1889 1890

1 $\frac{325}{1000}$ dollar à 0,935 dollar. Pendant ces vingt années, il y a eu cependant deux légères reprises : en 1877, où l'argent a valu 1 $\frac{20}{100}$ dollar, tandis qu'il valait 1 $\frac{16}{100}$ dollar en 1876, et en 1880, où il a remonté à 1 $\frac{15}{100}$ dollar contre 1 $\frac{12}{100}$ dollar en 1879.

Le second tableau donne le cours mensuel de l'argent pur à New-York du 1er janvier 1889 au 31 juillet 1896.

En 1889, le cours de l'argent paraît avoir peu varié ; les cours extrêmes ont été de 92 cents et de 95 $\frac{1}{2}$ cents l'once d'argent.

En 1890, les cours ont eu une tendance à se relever : de 95 $\frac{1}{2}$ cents au mois de mars, la cote monte sans cesse jusqu'à 114 $\frac{3}{8}$ cents en septembre. Cependant, cette hausse est éphémère, et, au mois de décembre, le cours est retombé à 104 $\frac{3}{4}$ cents, après avoir été de 101 $\frac{1}{2}$ cents en novembre.

Depuis cette époque, l'argent n'a cessé de baisser ; en juillet 1893, il y a une baisse de 10 cents et, malgré une légère reprise, cette année s'est terminée au bas cours de 69 cents.

L'année 1894, qui a débuté au cours de 67 $\frac{5}{8}$ cents, a vu la baisse se précipiter et atteindre, en mars, le cours moyen de 59 $\frac{3}{4}$ cents. Le cours s'est ensuite relevé jusqu'au maximum de 64 $\frac{3}{8}$ cents, qui s'est maintenu pendant les mois d'août et de septembre. Puis la baisse a recommencé, et l'année a fini à 60 $\frac{1}{8}$ cents.

Au début de l'année 1895, le cours de l'argent a été très bas : il n'a pas dépassé 59 $\frac{6}{8}$ cents. En mars, il a remonté à 63 cents ; en avril, il atteint le cours qu'il a conservé pendant le reste de l'année, soit 66 $\frac{1}{2}$ cents à 67 $\frac{3}{4}$ cents.

En 1896, l'argent débute à 67 cents, puis passe à 68 en février, à 68 $\frac{1}{2}$ en mars, pour retomber à 67 $\frac{7}{8}$ cents pendant les deux mois suivants. Il reprend ensuite le cours de 68 $\frac{5}{8}$ pendant les mois de juin et juillet.

Ces légères oscillations n'indiquent pas de tendance ni à la hausse ni à la baisse. Il semble plutôt que l'argent soit arrivé à un cours normal de 68 cents, moyenne de cette dernière année, et qui est sans doute celui auquel un nombre de mines suffisant pour approvisionner le monde pourraient continuer leur exploitation.

Pour ce qui est de l'or de la région du Lac des Bois, l'abandon frappant et rapide de toutes les mines, excepté Sultana, semble dû, outre les raisons d'ordre général précédemment exposées, aux difficultés que l'on a éprouvées pour traiter les minerais. D'après les renseignements que nous avons recueillis, ce minerai, après avoir donné de l'or libre à la surface, semble être vite devenu réfractaire en profondeur.

Les directeurs, le plus souvent inexpérimentés, n'ont su ni prévoir, ni résoudre cette difficulté ; ils ont tout simplement traité ces minerais par le broyage et l'amalgamation, comme à la Winnipeg Consolidated, par exemple. Aussi n'ont-ils recueilli qu'une très petite partie de l'or contenu.

Il est hautement probable que, si les Compagnies avaient pu s'assurer les services d'ingénieurs connaissant bien l'exploitation et surtout le traitement à appliquer à ce genre de minerais, cette contrée aurait pu atteindre la prospérité que la teneur en or de ses filons semblait lui réserver.

On a vu dans l'historique que la Compagnie qui exploitait la mine Pine Portage a dû arrêter ses opérations parce qu'elle n'a pu trouver un directeur expérimenté.

Enfin, dans la région de la rivière Seine, on semble disposé à exploiter de façon plus rationnelle.

Quelques fautes, dues au désir de donner à la mine une apparence flatteuse, ont bien été commises. Ce sont, par exemple, à la mine Foley, la position des puits sur des filons secondaires et le projet d'installation d'une usine de vingt bocards, trop importante pour la quantité de minerai découvert. Cependant cette mine et la mine Fergusson, qui sont les seules où les travaux préparatoires soient activement poussés, sont dirigées par des ingénieurs prudents et compétents, capables de bien conduire ces exploitations.

Cours mensuel moyen de l'argent à New-York

du 1er Janvier 1889 au 31 Juillet 1896

Prix de l'once d'argent pur en dollars

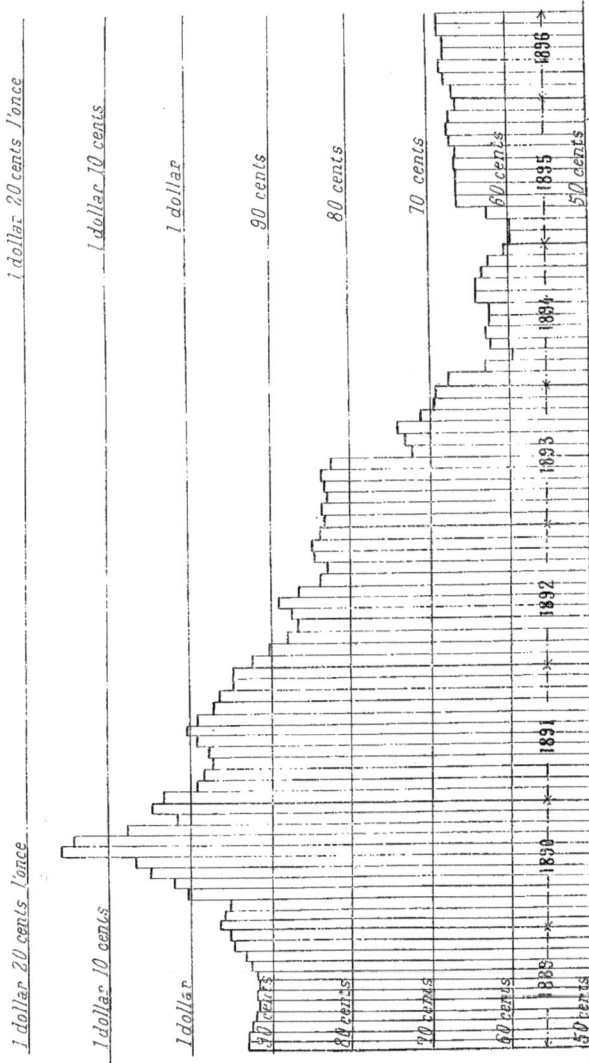

1 dollar 20 cents l'once

1 dollar 10 cents

1 dollar

90 cents

80 cents

70 cents

60 cents

50 cents

1889   1890   1891   1892   1893   1894   1895   1896

CHAPITRE XII

CONDITIONS ÉCONOMIQUES

Climat. — L'ouest de l'Ontario possède un climat très sain, bien qu'il y fasse très froid en hiver et chaud en été.

Pendant cette dernière saison, des pluies et des orages fréquents atténuent la chaleur et font varier sensiblement la température, souvent plusieurs fois par jour.

Durant six mois, les neiges qui couvrent ce pays ne permettent pas les recherches, mais n'arrêtent pas les travaux du fond.

Les usines, d'après les renseignements qu'on nous a donnés, ne chômaient que quelques jours; elles avaient presque toujours assez d'eau pour s'alimenter.

Les transports dans les neiges étaient souvent plus faciles en hiver qu'en été, car les routes sont, en général, fort mauvaises.

Des forêts difficiles à parcourir, des moustiques et des mouches fort désagréables, ne sont pas, pendant l'été, des obstacles qui puissent empêcher les prospecteurs d'aller à la découverte des filons.

Pendant la belle saison, on se hâte d'établir les installations nécessaires pour la marche de l'exploitation.

Main-d'œuvre. — Dans le district de la Baie du Tonnerre, les ouvriers travaillaient dix heures par jour.

Les salaires variaient de 1 dollar 25 à 1 dollar 50 par jour; en outre, les Compagnies payaient 4 dollars 50 d'entretien par semaine et par homme, à un cantinier, pour la nourriture. D'autres préféraient donner cette somme aux ouvriers qui se nourrissaient à leurs frais. Les bons ouvriers arrivaient ainsi à gagner 2 dollars par jour, en payant eux-mêmes leur entretien.

A la mine Rabbit Mountain, pour faire un puits de 6 pieds sur

9 pieds, les ouvriers étaient payés 16 dollars par pied. Ils fournissaient l'éclairage, les outils, la poudre et payaient l'usure des fleurets. La Compagnie fournissait les perforatrices, l'air comprimé et le treuil d'extraction. Ce travail était fait par six ouvriers travaillant en trois postes et employant une seule perforatrice. L'avancement était de 1 pied par jour. Ces puits étaient faits dans le remplissage du filon.

Pour les niveaux, la Compagnie payait, suivant la dureté des terrains, de 6 à 10 dollars par pied courant pour des dimensions de 6 pieds sur 9 pieds. Généralement ces galeries ont 6 à 7 pieds de haut et leur largeur est celle du filon.

A la mine Silver Mountain West End, les ouvriers n'étaient pas nourris et payaient eux-mêmes leur pension. Dans ces conditions, pour faire un puits de 9 pieds sur 14 pieds, ils recevaient 24 dollars par pied. Les hommes travaillaient à six en deux postes, et à neuf en trois postes, quand il y avait de l'eau. L'avancement était de 15 à 21 pieds par mois.

Les galeries dans le filon étaient payées 6 à 9 dollars par pied d'avancement, pour 6 pieds 1/2 de haut sur 6 pieds de large. Un niveau est revenu à 7 dollars le pied et un autre à 9 dollars, à cause de la différence de dureté du terrain.

Les galeries à travers-bancs dans les schistes étaient payées 4 à 5 dollars.

Dans le district aurifère du lac des Bois, à la mine Sultana, les ouvriers paient leur pension 4 dollars par semaine. Les salaires sont les suivants :

Mécanicien de la perforatrice . . . Dollars.	2 »
Autres ouvriers	1,80
Manœuvres	1,60

Dans le district aurifère de la rivière Seine, à la mine Foley, les mineurs sont nourris par la Compagnie. Cette dernière paie pour cela 50 cents par jour. La journée de travail est de dix heures. Voici les salaires :

Ouvriers aux perforatrices . . . . Dollars.	2,25
Aides —	1,50

Mécanicien, le jour . . . . Dollars.	1 50
— la nuit	2 »
Chauffeur.	1 25
Forgeron-mécanicien.	3 »
Aide-mécanicien.	1 50
Charretier	1 25
Aide-charretier	1 »

A la mine Fergusson, pour un puits de 9 pieds sur 6 pieds, foncé jusqu'à la profondeur de 50 pieds, les ouvriers ont été payés 19 dollars 50 par pied d'avancement. Le travail se fait à la main, sans emploi de l'air comprimé. Les ouvriers fournissent la poudre; la Compagnie ne leur fait pas payer l'acier, mais retient 2 0/0 sur les salaires pour l'usure du métal. L'avancement était de 1 pied par jour; le travail était fait par six ouvriers en deux postes.

Pour un niveau de 4 pieds sur 6 pieds, fait à la main, on a employé quatre hommes en deux postes. L'avancement était de $1\frac{1}{2}$ pied à 2 pieds par jour; les ouvriers étaient payés 7 dollars le pied courant.

Le prix payé à un géomètre pour faire le plan d'une concession est de 1/2 dollar par acre si la concession a plus de 40 acres et 1 dollar si elle en a moins.

Transports. — Les transports, dans la région de l'ouest de l'Ontario, sont très coûteux. Pour transporter un colis de moins de 100 livres de Silver Mountain West End à Port-Arthur, le Canadian Pacific Railway prend 35 cents. Pour un wagon de 40.000 livres, sur le même parcours, le prix est de 15 dollars.

De Rat Portage à New-Jersey, où se traitent les concentrés, le transport revient à 18 dollars la *short ton*.

Matériel et fournitures de mine. — Une installation d'air comprimé coûte, dans la région de la Rivière Seine, 8.000 à 10.000 dollars.

L'usine de 20 bocards de la mine Foley coûtera, chez Fraser et Chalmers, 11.000 dollars. L'installation et le transport en élèveront le prix de revient à 25.000 dollars.

A la Reduction Works de Rat Portage, le prix d'un dosage d'or et d'argent est de 2 dollars.

A Port-Arthur, M. D. F. Macdonell, agent de la Hamilton Powder Cⁱᵉ, vend les explosifs aux prix suivants :

Dynamite à 35 0/0 de nitroglycérine 15 cents la livre.
— 40 0/0   —   16   —
— 50 0/0   —   18   —
— 60 0/0   —   20   —

Pour de grandes quantités, la Compagnie réduirait de 1 cent les prix ci-dessus.

Le transport de la dynamite, de l'usine de production à Port-Arthur, est de 25 dollars la tonne pour une distance de 140 milles. La dynamite la plus couramment employée est celle de 40 0/0.

A Rat Portage, cet explosif coûte, à la teneur de 40 0/0, 7 dollars la boîte de 50 livres. Pour les fonçages, on emploie la dynamite à 60 0/0, et pour les tailles, celle à 40 0/0.

A Mine Centre, la dynamite à 40 0/0 vaut 9 dollars la boîte de 50 livres et 11 dollars celle à 60 0 0.

La mèche se vend à Port-Arthur 7 dollars les 1.000 pieds, et les capsules 8 dollars le mille.

L'acier pour fleurets et les masses valent 13 cents la livre; les pelles, 8 dollars la douzaine, et les pics, 1 dollar 50 la pièce.

Le charbon à vapeur, dans la Baie du Tonnerre, coûte 3 dollars 50 la *short ton* et le charbon de chauffage, 6 à 7 dollars. Ces combustibles viennent des ports de l'Ohio.

Le bois à brûler coûte, à Port-Arthur, 2 dollars 25 à 2 dollars 50 la corde: le plus sec coûte 3 dollars, ce qui le remet à peu près à 4 fr. 15 c. le stère. D'ailleurs, les mineurs n'en achètent que bien rarement; ils brûlent le bois qu'ils abattent sur leurs concessions et qu'ils débitent à l'aide de petites scieries locomobiles.

Les gros bois de 1 pied de diamètre et 8 pieds de longueur, valent à Rat Portage, 7 dollars les 1.000 pieds.

Les barils en bois qui servent à expédier les minerais valent 75 cents.

7

A Port-Arthur, un cheval coûte 75 dollars, et une paire de forts chevaux vaut 200 dollars.

Dans la région de la Rivière Seine, une paire de chevaux vaut 100 dollars. Une voiture *(Team)* coûte 25 dollars.

Vivres. — Une vache donnant du lait vaut de 30 à 40 dollars.

Le bœuf congelé coûte 5 $\frac{1}{2}$ cents la livre, mais en l'achetant par wagon le prix est moindre.

Le lard vaut 9 cents la livre.

La farine de blé coûte 2 dollars à 2 dollars 20 les 100 livres.

Le sucre brun coûte 1 dollar les 20 livres. Le sucre en grains vaut 5 cents la livre; ces prix se rapportent au baril de 300 livres.

Le thé coûte de 20 à 40 cents la livre.

Le riz vaut 5 cents la livre.

CINQUIÈME PARTIE

APPRÉCIATIONS

Dans les parties précédentes, on a vu l'histoire des mines, la constitution géologique et la nature des filons, enfin, les conditions économiques du pays. Nous nous proposons maintenant, à l'aide de ces connaissances, de présenter, dans la cinquième partie, nos appréciations sur la valeur des trois districts étudiés et sur la possibilité d'y établir des mines prospères.

Ce travail sera divisé en trois chapitres.

Chapitre XIII. — Région de l'argent.

Chapitre XIV. — District aurifère du Lac des Bois.

Chapitre XV. — Gisements aurifères de la Rivière Seine.

CHAPITRE XIII

RÉGION DE L'ARGENT

L'ancien district argentifère de la Baie du Tonnerre a une histoire assez triste, comme on a pu le voir à la première partie. La présence de l'argent y est connue depuis une cinquantaine d'années ; les riches filons qui ont donné naissance à la plupart des mines sont travaillés depuis quatorze ans. Or, malgré une période de prospérité de cinq années pendant laquelle des capitaux importants, venus de différents pays, ont permis un assez grand développement de travaux, toutes ces mines ont cessé leurs opérations et, au milieu de 1892, elles étaient toutes fermées.

Depuis cette époque, certaines Compagnies ont laissé les mines à l'abandon, d'autres y ont placé un gardien qui entretient le matériel. Quoi qu'il en soit, aucune de ces mines n'a jugé le moment venu de reprendre l'exploitation.

De plus, le cours de l'argent, comme nous l'avons exposé dans la quatrième partie, est maintenant encore plus bas qu'au moment de l'abandon successif des mines. Il était, en effet, à 96 cents l'once à cette époque, tandis qu'actuellement il n'est plus qu'à 68 1/2 cents environ.

On pourrait donc penser dès l'abord qu'une telle histoire suffit pour déconseiller tout effort nouveau.

Mais nous avons expliqué en détail que ces exploitations avaient à se reprocher un assez grand nombre de fautes de gestion.

Les premières se rapportent à la constitution même des affaires. Des filons mis en évidence par de simples petits travaux de reconnaissance ont été payés par les Compagnies à des prix beaucoup trop élevés. Les acquéreurs étaient généralement des Sociétés à gros capital nominal, dont une faible partie seulement avait été souscrite et versée. Le capital restant devenait vite trop faible pour continuer les travaux, et la mine périclitait.

Les sommes consacrées aux travaux de reconnaissance ont été ainsi insuffisantes dans bien des cas; de plus, ces sommes ont généralement été mal employées. On a fait, par exemple, des installations d'air comprimé très coûteuses, alors qu'au début, on pouvait faire le travail de perforation à la main. Il eût mieux valu employer l'argent à développer les travaux et à reconnaître le gisement d'une façon plus complète.

L'administration des entreprises a été souvent conduite avec imprudence : beaucoup de Sociétés, ayant fait de bons profits, les ont hâtivement distribués et se sont trouvées ainsi hors d'état d'exécuter les travaux nécessaires pour retrouver d'autres poches, laissant peut-être subsister du minerai qu'ils ont ignoré.

De plus, l'absence de fonderie dans le pays, l'exagération des frais de transport et de réduction amenaient l'exploitant à ne traiter que le minerai riche, laissant une véritable valeur dans les déblais et dans les *tailings*. Probablement pour les mêmes raisons, aucune mine n'a tiré profit des métaux secondaires, mais abondants, tels que le zinc et le plomb, qui se trouvaient dans les filons; leur présence était même une cause d'augmentation des frais de fonderie. On aurait pu éviter cet inconvénient par une préparation mécanique plus complète.

Enfin, il y a eu de nombreuses discussions et de longs procès entre les propriétaires. Certains agents ont commis des dilapidations assez graves, et il s'est trouvé des administrateurs qui n'ont pas rempli loyalement la mission qui leur était confiée, faisant exécuter les travaux en vue de leur intérêt personnel sans se soucier du préjudice qu'ils causaient à l'exploitation.

On voit, pour tous ces motifs, que la baisse de l'argent n'a pas été la seule raison de la fermeture des mines, dont plusieurs, d'ailleurs, avaient cessé leurs travaux avant cette baisse. On conçoit qu'avec plus de compétence, d'honnêteté et de prudence, on aurait pu tirer de ces mines un bien meilleur parti.

Du reste, comme on l'a vu, les mines ont dû s'arrêter en pleine exploitation et non parce que les gisements étaient épuisés.

Il résulte des explications que nous avons données, que la région a tout ce qu'il faut pour porter des filons : phénomènes éruptifs puissants, cassures nettes et profondes dans des terrains anciens qui forment le sol du pays; aussi, en fait, en contient-il beaucoup.

Ces filons paraissent avoir tous les mêmes caractères de permanence en longueur, en pendage et en puissance. Ils paraissent s'enfoncer régulièrement dans les schistes, mais la question du prolongement des filons dans les lits siliceux inférieurs est controversée. Leur minéralisation est en poches, peu constante, presque discontinue et sans loi de répartition connue.

Les roches encaissantes qui sont, le plus souvent, les schistes perméables, constituent un inconvénient pour les mines situées près des lacs ; aussi plusieurs ont-elles été inondées.

Cependant, tels qu'ils sont, ces filons tiennent des minerais à haute teneur, et prouvent qu'il existe encore de grandes richesses minérales dans ce pays.

Ces richesses semblent, de plus, pouvoir être exploitées avec avantage si l'on sait éviter les fautes du passé.

Mais ces gisements sont très disséminés, les mines autrefois exploitées sont maintenant inondées ; les filons prospectés sont insuffisamment reconnus, de sorte qu'aucune propriété minière n'a pu être étudiée en détail.

Cependant, il est à remarquer que, justement à cause du peu de connaissances qu'il est possible d'avoir sur ces gisements, leur prix est moins élevé. Il est certain que si les propriétaires avaient fait plus de travaux et mis nettement le minerai en évidence, ce ne sont pas des milliers, mais des millions de dollars qu'ils en exigeraient, comme cela se passe actuellement en British Columbia. Du reste, cette insuffisance de renseignements n'est pas toujours un obstacle aux transactions comme on l'a vu à propos de la mine Mikado.

D'autre part, les mines peuvent être prises à option, c'est-à-dire en quelque sorte à l'essai, ce qui diminue singulièrement l'aléa de l'opération.

M. Hay prétend qu'il peut offrir en vente, sous ce régime, telle propriété de la région qu'on voudra. Il nous a même adressé, en cours de voyage, une lettre que nous joignons au présent rapport sous le n° 7, par laquelle il désigne certaines propriétés avec les prix auxquels on pourrait les obtenir. De plus, il y a actuellement des milliers de concessions aux mains de gens dépourvus des ressources suffisantes pour les utiliser, et il n'est pas douteux que si l'on voulait en acquérir, on pourrait les obtenir à des prix très bas. En tous cas, ce prix serait bien inférieur à ceux que valaient ces gisements au moment de leur prospérité.

Si l'on se décidait à entrer dans cette voie, il serait bon de donner la préférence, pour commencer, à des usines ayant montré des richesses minérales. D'autant plus qu'on profiterait des installations déjà faites et des travaux préparatoires qui sont toujours coûteux.

Une entreprise de ce genre pourrait, croyons-nous, se soutenir avec ie cours actuel de l'argent et, dans l'hypothèse de l'amélioration des cours, pourrait devenir avantageuse de tout l'écart représenté par la hausse.

Ce ne serait donc pas une entreprise brillante au début, mais seulement une affaire de spéculation.

Aussi, serait-il bon, dans ce cas, d'acquérir, en dehors de ces mines, une étendue de propriété contenant des filons. Cette dernière pourrait être obtenue à un bas prix, et l'on pourrait y faire, peu à peu, des recherches et des travaux préparatoires. Alors, si les espérances de profit se réalisaient, ceux qui auraient couru les risques du début, se trouveraient en possession de terrains importants qui permettraient de fonder rapidement d'autres usines.

C'est dans cette hypothèse de la mise en valeur de terrains de recherches, qu'on pourrait utilement se rendre acquéreur, moyennant une option assez prolongée, des terrains de la Banque de l'Ontario.

Ceux-ci sont peu connus par leur situation topographique, encore moins pour l'existence des filons qui s'y trouvent, et plus mal encore pour la teneur de ceux-ci.

Comme on l'a vu, on ne nous a presque rien montré sur ces terrains, et nous avons fait remarquer aux intéressés que, malgré leur étendue et l'existence d'autres filons importants dans la région, ces propriétés avaient une valeur bien faible, étant donné le peu de travail effectué pour mettre la richesse minérale en évidence. Nous pensons donc que, si l'on voulait faire une spéculation, il faudrait acheter ces biens pour lesquels on obtiendrait sans doute un prix très modéré.

Si l'on prenait cette option, on aurait l'énorme étendue de 24.794 acres, soit 10.033 hectares, couverte de bois, abattus en partie, il est vrai, mais pouvant présenter encore à ce point de vue quelque valeur. Ces terrains sont grevés seulement d'une taxe annuelle de 387 dollars. Ils sont situés au voisinage du lac Supérieur, et l'augmentation d'épaisseur des schistes de l'Animikie dans cette région permet, comme nous l'avons dit, d'espérer une plus grande profondeur des filons qui s'y trouvent. Celle-ci aurait pour avantage d'assurer un plus fort tonnage de minerai que dans les filons du nord, pour une même dépense de travaux préparatoires.

D'autre part, et malgré les difficultés que nous avons rencontrées pour y accéder, on pourrait, avec quelques dépenses, ouvrir des chemins permettant d'atteindre facilement les gisements.

En résumé, il n'y a pas de motifs sérieux qui s'opposent à l'entreprise de travaux de recherche et de reconnaissance, en vue d'une spéculation, sur les terrains de la Banque de l'Ontario.

On a vu de plus que, sur ces mêmes terrains, la présence du cuivre a été reconnue.

L'existence de ce métal est signalée depuis longtemps sur la rive canadienne du lac Supérieur. Dès 1846, on y a pris des concessions pour l'exploitation du cuivre. En 1855, la mine de l'Ile Royale produisait 83 tonnes de cuivre.

Au cours d'une mission qu'il faisait en compagnie du Dr Lawson, géologue américain, M. Hille déclare avoir découvert, dans la commune de Crooks, un riche gisement de cuivre. De plus, le Dr Lawson dit qu'il y a du cuivre dans les communes de Blake et de Crooks, et que ces gisements semblent appartenir à une portion du Kewenawan, étage dans lequel se trouvent les riches gisements américains, détachée au milieu des roches argentifères de l'Animikie. M. Dawson, du service géographique, assure aussi que le cuivre existe dans cette région. Enfin, M. Mac Donald, agent de la Banque, nous a dit que le gisement de cuivre signalé par le Dr Lawson serait comparable à celui de Calumet et Hécla.

Malgré toutes ces affirmations, on ne nous a rien montré de semblable. Nous n'avons pu constater qu'un petit pointement montrant du cuivre en grains.

Cependant, il y a quelque chose d'encourageant dans ce fait que les marnes rouges du Nipigon se voient dans les terrains de la Banque. C'est à cet étage qu'appartient le Kewenawan où se trouvent les cuivres du Michigan.

Mais il est à remarquer que la mine de l'Ile Royale, bien que située dans les mêmes terrains que la presqu'île de Kewenaw, a dû fermer en 1884 et que, malgré une tentative de reprise en 1889, on n'y a pas recommencé d'exploitation. A cette dernière époque, il y a eu aussi plusieurs recherches de gisements de cuivre dans les communes de Crooks et de Blake, sans qu'aucune mine y ait été ouverte.

Comme le montre ce qui précède, les données que nous avons pu réunir sur la valeur des gisements de cuivre dans cette région sont insuffisantes. Nous n'avons vu qu'un pointement insignifiant, mais cette constatation n'est cependant pas sans quelque importance, en raison des renseignements recueillis d'autre part. Il serait donc intéressant d'étudier, par des recherches appropriées, quelle peut être la valeur de ce gisement.

En dehors des terrains appartenant à la Banque de l'Ontario, les offres de M. Hay comprenaient encore diverses concessions reprises au deuxième tableau de l'annexe n° 1.

Ces propriétés sont réparties sur une longueur de 180 milles, dans un pays d'un accès difficile et sans moyens de communication pour le parcourir. Ce ne sont pas quelques semaines, mais plusieurs mois, qui auraient été nécessaires pour en visiter les gisements. Aussi, malgré notre désir, nos efforts et nos représentations, nous n'avons vu qu'une seule de ces propriétés, la concession F 16, qui ne contient qu'un pointement de filon.

D'ailleurs, comme on l'a vu, M. Hay nous a déclaré qu'il cherchait plutôt à nous donner une idée d'ensemble des richesses minérales du pays qu'à nous faire voir telle ou telle mine.

On conçoit que dans ces conditions nous ne puissions présenter aucune appréciation spéciale sur les concessions dont il s'agit.

CHAPITRE XIV

DISTRICT AURIFÈRE DU LAC DES BOIS

L'histoire du district aurifère du Lac des Bois montre, comme le précédent, beaucoup d'échecs.

Dès 1870, on y connaissait la présence de l'or; quelques mines ouvertes en 1883 ont fermé l'année suivante. En 1889, les recherches ont pris un nouvel essor, et le gouvernement a donné de nombreuses concessions. A la suite de ces découvertes, plusieurs Sociétés ont exploité de 1892 à 1894. Mais, depuis cette époque, toutes ont cessé leurs travaux, excepté Sultana.

Bien qu'on n'ait pas tenté depuis de reprendre ces mines, il semble que ce pays revienne en faveur; c'est ainsi qu'une Compagnie anglaise vient d'acheter la concession Mikado et a l'intention d'y ouvrir une mine.

La principale cause d'échec de la plupart des mines de ce pays a été la nature réfractaire du minerai.

A la surface, à cause de la décomposition des sulfures et des arséniures, on trouvait de l'or facile à amalgamer. Mais en profondeur on arrivait vite à du minerai contenant de l'or intimement mêlé aux sulfures et arséniures et alors les usines d'amalgamation, coûteusement installées n'arrivaient plus à extraire l'or du minerai.

Aussi, l'insuffisance des études faites sur la nature du remplissage des filons, la difficulté de trouver des directeurs compétents et une méthode de traitement convenable sont autant de raisons qui ont contribué à la fermeture des mines de cette région.

Mais il est vrai de dire que toutes les autres causes de ruine, plus faciles à éviter, que nous avons signalées à propos de l'argent : fautes de gestion, dilapidations, manque de fonds, discussions entre les propriétaires, ont été renouvelées dans ce district.

De plus, les exploitants ont installé prématurément des usines de traitement très coûteuses qui, le plus souvent, ne convenaient pas à la nature du minerai.

Cependant on trouve de nombreux filons de contact, continus en direction, en puissance et en pendage. Ils sont encaissés par des roches compactes, peu fissurées, permettant l'exploitation au voisinage et au-dessous du niveau des lacs. Ces filons sont régulièrement minéralisés dans toute la masse et ont une teneur de 15 à 20 dollars à la tonne. Cette richesse permettrait certainement un bon profit si l'on pouvait leur appliquer un traitement convenable.

D'ailleurs, ces gisements n'ont pas tous montré, dès le début, du minerai réfractaire; ainsi la mine Sultana a atteint plus de 280 pieds de profondeur et a vu passer utilement tout son minerai à l'usine d'amalgamation. Actuellement cette Compagnie installe une usine de chloruration par le procédé John E. Rothwell et il est probable que si cette méthode réussit, il en résultera un nouvel essor pour les mines de la région.

Toutefois, on a déjà dépensé dans ce district des sommes considérables pour essayer d'extraire l'or des minerais arsenicaux et on n'a jamais réussi.

Le Gouvernement a prodigué aux mineurs ses encouragements: routes, chemins de fer construits et projetés et nombreuses études du service géologique. De son côté, la ville de Rat-Portage a donné une subvention pour la création d'une usine de traitement: la Reduction Works. Celle-ci, en diminuant les frais de transport du minerai et supprimant la création d'usines coûteuses par les Compagnies minières, constitue une grande ressource pour les exploitants.

On pourrait aussi, dans cette région, à cause de la concurrence et de l'abandon des mines, acquérir des concessions à bon compte. Mais il faudrait faire une étude approfondie pour en choisir une qui puisse donner, sur une assez grande profondeur, du minerai pouvant s'amalgamer, soit après grillage, soit directement comme à Sultana. On réaliserait ainsi quelque profit qui permettrait d'installer complètement la mine. Il faudrait alors se livrer à des études approfondies sur les différents procédés de traitement des minerais sulfurés et arsenicaux, et établir celui qui conviendrait le mieux pour le genre de minerai qu'on aurait à traiter.

Ce serait donc là encore une affaire aléatoire parce que le profit serait subordonné à la possibilité d'un traitement rémunérateur des minerais arsenicaux. Cependant cette possibilité est, croyons-nous, plus probable que celle de la hausse de l'argent.

CHAPITRE XV

DISTRICT AURIFÈRE DE LA RIVIÉRE SEINE

L'histoire du district de la Rivière Seine est plus récente que celle des deux régions précédentes et se présente, quant à présent, sous un aspect plus favorable.

La présence de l'or est signalée dans ce district en 1889, mais les premiers travaux de recherches datent de 1894. De très nombreuses concessions ont été accordées depuis cette époque. Mais deux seulement d'entre elles viennent d'être acquises par des Sociétés anonymes et sont sur le point d'entrer dans la période d'exploitation, ce sont les mines Foley et Fergusson.

Cette région est donc neuve et peu connue, aussi est-il difficile, par une simple visite, de se faire une idée des richesses qu'elle peut contenir. Cependant nous pouvons dire qu'elle a bonne apparence.

Les deux seules mines en exploitation, la mine Fergusson est dirigée avec sagesse et prudence; la mine Foley donne lieu à quelques critiques. Mais ces deux mines paraissent cependant avoir donné, jusqu'à présent, de bons résultats et ont fourni du minerai à or libre d'une teneur de 20 dollars à la *short ton*.

La raison qui empêche ce pays de se développer rapidement semble être le manque de capitaux. Les propriétaires des concessions sont persuadés qu'ils ont de bonnes affaires en main, ils attendent patiemment qu'on vienne leur offrir les prix élevés qu'ils espèrent obtenir pour la vente de leurs terrains. Cependant, tout porte à croire que si une société possédant réellement des capitaux et désireuse d'ouvrir des mines venait à entrer en affaires avec eux, elle pourrait acheter des concessions à des prix raisonnables.

Les gisements sont des filons de contact. Ils sont continus sur de grandes longueurs, sont souvent puissants et paraissent s'enfoncer régulièrement.

Les roches encaissantes sont assez compactes pour s'opposer à l'invasion des travaux par les eaux.

La minéralisation est bien répartie dans toute la masse du remplissage. Bien que le minerai soit réfractaire, les traces d'arsenic qu'il contient ne semblent pas devoir être un obstacle à son traitement. Il est probable qu'avec un grillage préalable, on pourrait le traiter utilement par amalgamation.

Enfin, le voisinage de la Rivière Seine assure l'eau et des transports commodes jusqu'à l'usine de Rat Portage.

Dans ces conditions, nous pensons qu'on pourrait ouvrir, dans cette région des exploitations qui donneraient des bénéfices.

Comme il s'agit d'un district nouvellement ouvert, il conviendrait de procéder avec prudence et de faire des travaux de reconnaissance assez longs pour déterminer la nature, la qualité et quantité du minerai avant de faire des installations coûteuses, insuffisamment justifiées.

CONCLUSION

En nous basant sur les appréciations qui font l'objet de la cinquième partie, nous présentons comme suit la réponse à la question qui nous a été posée.

Il ne nous semble pas qu'il y ait lieu de dépenser £ 15.000 en travaux de prospection et de développement sur les terrains argentifères de la Baie du Tonnerre. On ne pourrait le faire qu'en vue d'une spéculation dont le bénéfice serait subordonné à une hausse de l'argent. Ce caractère aléatoire subsisterait même si l'on faisait l'acquisition d'une ancienne mine telle que Beaver, Rabbit Mountain ou Silver Mountain West End. Une pareille mine ne pourrait, en effet, fournir qu'un faible bénéfice tant que les cours ne seraient pas plus favorables. Mais, si la hausse se produisait, l'exploitation donnerait des profits importants en même temps que les terrains miniers prendraient une plus-value considérable.

Dans la région du Lac des Bois, on pourrait plus utilement faire une dépense en travaux de reconnaissance et de prospection. Nous signalons, entre autres, deux mines qui nous paraissent mériter cette étude :

1º La mine Ophir, qui est le long du même massif de granit que Sultana et qui paraît avoir du minerai analogue à celui de cette dernière.

2º Les gisements de Bath Island situés au bord du Lac des Bois, qui se composent de trois filons dont l'un est reconnu sur un quart de mille ; il est puissant et paraît bien minéralisé.

Mais il faudrait faire sur ces mines une étude complète, permettant d'apprécier exactement le degré arsenical des minerais et de déterminer, s'il y a lieu, le mode de traitement convenable.

Enfin la région de la Rivière Seine, bien que moins connue que les deux précédentes, est celle qui nous a paru justifier le mieux une dépense en travaux de reconnaissance pour y créer ensuite une mine pouvant donner des bénéfices.

Nous signalons entre autre la concession Weigand. Elle renferme un filon puissant et continu, décroûté sur une grande longueur. Le minerai est, il est vrai, réfractaire. Mais avec un grillage préalable, on pourrait probablement le traiter avec profit par amalgamation. Ce devrait être là l'objet d'une étude qui se ferait en même temps que celle du filon.

Si l'on ouvrait des mines dans ces régions, nous rappelons qu'il faudrait y placer un directeur honnête et compétent, afin d'éviter les fautes qui ont ruiné tant d'entreprises.

On devrait, de plus, commencer à peu de frais, avec beaucoup de prudence; le capital engagé ne devrait pas exiger des revenus immédiats afin qu'il fût possible de développer longuement les travaux préparatoires avant d'entrer dans la période d'exploitation.

Dans ces conditions, nous pensons qu'on réaliserait de beaux bénéfices en ouvrant des mines d'or du genre de celles qui viennent d'être indiquées.

Paris, le 29 août 1896.

A. BRULL   A. BLUM

ANNEXE N° 1

Tableau n° 1.

TERRAINS DE LA BANQUE DE L'ONTARIO

Territoire de Blake, distict de Thunder Bay (Ontario)	14.372 acres.
Territoire de Crooks, district de Thunder Bay (Ontario)	6.020 —
Territoire de Pardu, district de Thunder Bay (Ontario)	4.402 —
TOTAL	24.794 acres.

Tableau n° 2.

EMPLACEMENT	DESCRIPTION	NATURE	ACRES
13 « N »	Situé à l'E. de « Bluestone River »	Or et plomba-gine.	160
Lot « D »	Côté O. de « Black Bay ». Terr. de Mac Tavish. . .	Argent et plomb	175
O 1/2 de lot 3	A l'O. de « Black Bay », Terr. de Mac Tavish . .	d°	100
N. E. 1/4 de N. O. 1/4	Sec. 5 « B », terr. de Mac Tavish	d°	60
« C » 47	District de «Thunder Bay» à l'O. de «Little Pie River».	Argent.	160
5 « W »	« Terrace Bay, Black River»	Or.	25
« B » 15	« Verte Island » Nepigon Bay	Grès rouge,	19
« K » 99	Terr. de Sibley	Grès blanc.	191
« K » 98	d°	d°	100
N. E. Subd. de Sec. 5	Concess.4 terr. de « Homer »	Filons miné-	
d°	d° 5 d°	raux, or,	640
d°	d° 5 d°	argent et plomb	
Ile « D »	« Pays Plat »	Argent.	151
Groupe n° 7	« Saint-Ignace Island » . .	Cuivre.	400
« V » 49	A l'O. de « Little Pie River ».	Argent.	160
« V » 50	d° d°	d°	160
« V » 51	d° d°	d°	30
« V » 52	d° d°	d°	?
« F » 16	Terr. de « O'Connor ». . .	d°	160
« V » 38	« Shesheep Bay ».	Fer et or.	54
S. E. 1/4 de Sec. 11	Concess. 8 terr. de « Mac Tavish ».	Argent et plomb	160
S. E. 1/4 de Sec. 12.	Concess. 6 terr. de « Mac Tavish ».	d°	160
« K » 117	Concess. terr. de « Dorion »	d°	45
Iles « B »	« Shebandowan Lake » . .	Or.	66
Ile « F »	38 « Lac de mille Lacs » .	d°	30
R.583,584,586	Au N. de « Jackfish Bay ».	d°	359
Côté E. du lot 8	Donneley's Survey Black Bay	Argent et plomb	90

ANNEXE N° 2

LISTE DES PUBLICATIONS ET CARTES

se rapportant aux régions de la Baie du Tonnerre, du Lac des Bois et de la Rivière Seine.

Selwyn (A. R. C.). — Rapports géologiques sur diverses régions du Canada. — Opérations de 1866 à 1869. — Imprimé à Toronto.

The Engineering and Mining Journal, de 1887 à 1896. — Scientific Publishing Cy., 253, Broadway (P. O. box 1833), New-York.

Report on the Geology of the Lake of the Woods region, by Andrew C. Lawson, M. A., 1885. — Chez Dawson Brothers, Montréal.

Report on Mines and Mining on Lake Superior. — Part 1.

A. — History and general conditions of the region ;

B. — Silver mining.

By Elfric Driew Ingall, M. E. 1888. — Chez Dawson brothers, Montréal.

Report on the Geology of the Rainy Lake region, by Andrew C. Lawson. M. A. Ph. D. 1888. Chez Dawson Brothers, Montréal.

Canada. — A Memorial volume ; E. B. Biggar, publisher, Montréal, 1889.

Report of the royal commission on the mineral resources of Ontario, 1890. — Printed by Warwick and Sons, 68 and 70, Front Street West, Toronto.

On the cherts and dolomites of the Animikie Rocks of Thunder Bay, Lake Superior, by Elfric Drew Ingall. The Canadian Record of Science. January 1892.

Second Report of the Bureau of Mines, 1892. — Chez Warwick and Sons, Toronto.

Third Report of the Bureau of Mines, 1893. — Chez les mêmes.

Fourth Report of the Bureau of Mines, 1894. — Chez les mêmes.

Preliminary Note on the Limestones of the Laurentian System, by Elfric Drew Ingall. — The Canadian Record of Science, April 1894.

The Journal of the Ontario mining Institute. — Being the Proceedings for the years 1894-95, volume I. — Published of the office of the Institute, Slater building, Ottawa.

Division of Mineral Statistics and Mines. Annual Report for 1893 and 1894. Printed by S. E. Dawson, Ottawa, 1895.

List of Publications of the Geological Survey of Canada, Ottawa. — Government printing bureau, 1895.

Geological and topographical Map of the Northern Part of the Lake of the Woods and adjacent country. — By A. C. Lawson. M. A., 1885. — Scale : 2 miles to one inch.

Geological and topographical Map of the Silver Mountain mining District. — By Elfric Drew Ingall. Assoc. R. S. M., 1887. — Scale : 20 chains to 1 inch.

Map of Part of the district of Thunder Bay, showing recent surveys, prepared under the Direction of hon. commissionner of crown Lands, 1887. — Scale : 2 miles to 1 inch.

Geological and topographical Map of Southern Part of the Lake of the Woods and Rainy River, 1890. — Scale : 2 miles to 1 inch.

Province of Ontario. — Thunder Bay and Rainy River Districts, (Seine River Sheet), 1895. — Scale : 4 miles to 1 inch.

Map of Part of the Rainy River District exhibiting the country in the vicinity of Manitou eagle and Wabigon Lakes, 1895. — Scale : 2 miles to 1 inch.

Même carte, 1896.

Map of the South Eastern Part of the Rainy River District, 1895. — Scale : 2 miles to 1 inch. (2 feuilles.)

Même carte, 1896.

Toutes ces cartes se trouvent au bureau des mines, à Toronto.

ANNEXE N° 3

Geological Survey	Service de la carte géologique.
Patent	Titre de propriété d'un terrain minier.
Lease.	Titre conférant le droit d'exploiter.
Purchase Money .	Prix d'achat d'une concession.
Application . . .	Instance pour obtenir une concession ou le droit d'exploiter.
Prospect	Travail exécuté sur un gisement et permettant d'en affirmer l'existence.
Prospecteur . . .	Chercheur de gisements.
Prospecter. . . .	Rechercher des gisements.
Country Rock . .	Roche dominante du pays.
Bluffs.	Collines surmontées de massifs de trapps verticaux.
Stringers	Veinules secondaires détachées d'un filon.
Pan	Récipient spécial pour faire rapidement l'essai des minerais d'or.
Vanners, ...	Courroies à secousses pour enrichissement des minerais.
Frue Vanners . .	Vanners inventés par M. Frue.
Rapid chlorura-tion	Procédé de chloruration inventé par M. John E. Rothwell.
Tailings.	Résidus des appareils de concentration.
Yard	$0^m,91438$.
Pied	$\frac{1}{3}$ du yard — $0^m,30479$.
Pouce	$\frac{1}{36}$ du yard — $0^m,025399$.
Chain	22 yards — $20^m,1164$.
Mile	1.760 yards — $1.609^m,3149$.
Acre	4.840 yards carrés — 0 hectare 40467.
Corde.	128 pieds cubes — 3 stères 624.

Livre (avoir du poids)	453^{gr},5926.
Short Ton. . . .	2.000 livres — 907^{kg},185.
Livre (Troy). . .	373^{gr},2419.
Ounce	$\frac{1}{12}$ de Livre Troy — 31^{gr},10349.
Penny Weight. .	$\frac{1}{20}$ d'ounce — 1^{gr},655.
Hornblende . . .	Silicate de magnésie, de chaux et de fer.
Labradorite . . .	Silicate d'alumine, de chaux et de soude.
Anorthite. . . .	Silicate d'alumine et de chaux.
Zeolithes	Silicates hydratés en général.
Glauconie. . . .	Silicate hydraté d'oxyde de fer et de potasse.
Chlorite.	Silicate hydraté d'alumine et de magnésie.
Diabase.	Roche siliceuse contenant de la magnésie, de la chaux, du fer et du feldspath.
Granulite	Granit à mica blanc.
Protogine	Granit dans lequel le mica est remplacé par la chlorite.
Grauwacke . . .	Grès argileux à fragments de quartz et de schistes.
Conglomérats . .	Roches formées de fragments réunis par un ciment.
Brèches.	Conglomérats à ciments argileux.
Druses	Cavités béantes dans le remplissage d'un filon.
Argyrose ou argentite . . .	Sulfure d'argent.
Sylvanite	Tellurure d'or et d'argent.
Millerite	Sulfure de nickel.
Pyrrothine . . .	Sulfure de fer et de nickel.
Chalcopyrite. . .	Sulfure de fer et de cuivre.
Phillipsite. . . .	Sulfure de fer et cuivre.
Trilobite	Crustacés fossiles du terrain cambrien.

ANNEXE N° 4

HISTORIQUE

CHAPITRE PREMIER

ARGENT

§ 1er. — **Beaver**. — Cette mine a été travaillée par intermittences de 1867 à 1882, époque où elle a été abandonnée. Les travaux ont été repris en 1887 et ont été arrêtés de nouveau en juillet 1891.

Un sondage au diamant, partant de la surface, a atteint 1.500 pieds de profondeur et aurait rencontré le minerai. La plus grande profondeur des puits est 700 pieds.

L'usine traitait 30 *short tons* par jour en janvier 1891.

De 1887 à 1890, la mine Beaver aurait produit 383.630 onces d'argent. Le minerai a été de teneur très variable. Les plus hautes valeurs obtenues ont été 5.000 et 8.000 dollars par *short ton*.

Durant les trois années qui ont précédé le 1er août 1890, il avait été dépensé en travaux et installations 169.288 dollars.

Il a été employé moyennement 80 ouvriers tant au jour qu'au fond.

§ 2. — **Silver Islet**. — Les richesses minérales de cette contrée ont été découvertes en 1868 par M. Th. Macfarlane, géologue. La Montreal Company a acquis cette propriété, et y a fait exécuter des travaux de recherche. En 1870, la mine et autres propriétés sont passées aux mains de l'Ontario mineral Lands Company. Cette Compagnie a travaillé la mine jusqu'en 1884.

Les travaux, à ce moment, avaient atteint la profondeur de 1.230 pieds et avaient fourni pour 3.250.000 dollars d'argent.

Après une période d'inactivité de quatre années environ, la propriété a été, en septembre 1888, mise en vente publique à New-York.

Depuis cette époque aucun travail n'a été fait dans la mine.

§ 3. — **Concession 3 A**. — Le premier filon a été découvert sur cette concession en 1870. Les travaux ont été activement menés du printemps de 1873 à celui de 1874. La plus grande profondeur atteinte a été de 150 pieds. Cette exploitation a fourni pour plusieurs milliers de dollars de minerai d'argent riche.

Deux autres filons ont été découverts en 1872 et ont été fouillés jusqu'à 40 pieds de profondeur. Des essais faits sur des minerais de ces filons ont donné jusqu'à 70 dollars d'argent et 70 dollars d'or par *short ton*.

La mine 3 A ne paraît pas avoir été exploitée après 1874.

§ 4. — **Rabbit Mountain**. — Cette mine a été découverte en 1882 et ouverte en 1883. Après une année peu active, les travaux furent poussés activement en 1885 et en 1886.

En 1887, les travaux étaient encore peu étendus ; il avaient fourni 20.000 dollars d'argent provenant du minerai voisin de la surface.

Un puits était à 170 pieds. Un niveau était ouvert sur 420 pieds à 80 pieds de profondeur.

Une usine de 10 bocards permettait de traiter 10 *short tons* par jour.

Les travaux occupaient 65 hommes, tant au fond qu'au jour.

La mine Rabbit Mountain est restée inactive de 1887 à 1889, époque à laquelle des porteurs d'une option pour son achat ont dépensé 10.000 dollars en travaux de recherches.

Cette mine a été arrêtée la dernière de toute la région de la Baie du Tonnerre ; elle a été fermée en 1892.

§ 5. — **West Silver Mountain**. — C'est à West Silver Mountain, en même temps qu'à Rabbit Mountain, que l'argent a été découvert pour la première fois dans la région. Les travaux ont été commencés en 1885. Au 1ᵉʳ septembre 1888, il avait été dépensé en travaux, machines et bâtiments, une somme de 8.085 dollars.

Le filon avait une ouverture d'environ 8 pieds avec des renflements parfois très importants. Les essais ont décelé des teneurs en argent allant de 50 à 7.000 et même 8.000 onces par *short ton* avec des traces d'or.

En 1891, 40 ouvriers étaient occupés aux travaux du fond et du jour.

Du minerai riche a été expédié, mais en petite quantité : 3 ou 4 wagons de 40.000 livres seulement, d'après le gardien de la mine.

Les travaux ont été arrêtés le 1ᵉʳ mai 1892.

§ 6. — **Badger**. — La Compagnie a été fondée en avril 1887, au capital de 250.000 dollars, par des capitalistes de Milwaukee (État du Visconsin).

Les travaux ont été commencés en 1888 et conduits avec vigueur jusqu'à la fin de 1891, époque où la mine a été fermée par suite de la dépréciation de l'argent. La profondeur atteinte a été de 400 pieds environ. En 1889, 140 mineurs étaient occupés à Badger et ont produit, durant cette année, pour 250.000 dollars de minerai. Deux filons ont été exploités, et ont donné des minerais quelquefois très riches, dont la teneur a été jusqu'à 3.200 dollars par *short ton*. Il a été extrait de Badger 1.300 *short tons* de minerai.

Des travaux très étendus ont été exécutés, et une usine importante a été établie ainsi que des pompes, machines d'extraction et compresseurs.

§ 7. — **Little Pig**. — Au commencement de 1887, cette mine appartenait à M. Thomas A. Keefer, de Port-Arthur. A ce moment, le propriétaire n'avait encore fait exécuter que peu de travaux. Une galerie débouchait à flanc de coteau, et quelques travers-bancs avaient permis de reconnaître le filon.

En janvier 1889, la mine Little Pig a été offerte en vente sous le nom de West Beaver. On n'y a pas travaillé depuis.

§ 8. — **Elgin**. — Cette mine est au nord et très voisine de Beaver.

10

Les travaux de reconnaissance ont été conduits par un mineur du pays.

A la fin de 1888, le premier puits foncé était à 100 pieds de profondeur.

En 1890, les travaux de la mine Elgin étaient conduits par le directeur de Beaver. Une pompe à vapeur et une machine d'extraction ont été installées sur le puits.

Le minerai riche donnait aux essais de 120 à 700 dollars d'argent et de 60 à 100 dollars d'or par *short ton*.

La Compagnie propriétaire de la mine Elgin était au capital de 50.000 dollars. La mine a été fermée en juillet 1891.

§ 9. — **East Silver Mountain.** — Une Compagnie anglaise, au capital de 150.000 dollars, a acquis, en 1889, la propriété des mains de la Compagnie Cleveland. Elle a aussitôt commencé les travaux.

Deux niveaux, ouverts à flanc de coteau, ont été poussés. Le niveau supérieur, à 74 pieds de la surface, a une galerie d'avancement longue de 700 pieds et, le niveau inférieur, une galerie de 1.400 pieds ; ce niveau est à 81 pieds plus bas que le premier.

La plus grande profondeur atteinte par les puits est de 430 pieds. A cette profondeur, la veine avait 12 pieds d'ouverture.

Avant 1865, la Compagnie Cleveland aurait dépensé 20.000 dollars sur la mine. En 1889 et 1890, la Compagnie East Silver aurait dépensé plus de 80.000 dollars.

Le minerai courant, destiné à l'usine, a une teneur allant de 10 à 18 onces d'argent par *short ton*. Des essais faits sur des morceaux choisis ont donné, pour la valeur de la *short ton*, de 4.000 à 5.000 dollars. Le minerai contient de l'or, pour 3 ou 4 dollars environ par *short ton*.

Il n'a pas été construit d'usine de traitement, le directeur ayant pensé qu'une semblable installation ne devait être faite que lorsqu'on disposerait, sur le carreau de la mine, d'une quantité de minerai extrait suffisante pour assurer la marche de l'usine durant deux années et d'une quantité égale de minerai tracé.

Cette mine a été fermée en 1891.

CHAPITRE II

OR

§ **10.** — **Winnipeg Consolidated.** — La Winnipeg Consolidated a été fondée au capital de 1.000.000 de dollars, dont une partie seulement a été souscrite. Cette Compagnie a vendu sa propriété en 1881 à M. A. Matheson.

Les travaux ont été commencés en 1883, une batterie de 5 bocards a été montée ; on a édifié des maisons d'habitation, un laboratoire, un atelier et divers autres locaux. Les travaux ont été continués durant deux ans et une grande quantité de minerai destinée à l'usine a été extraite. Ils ont été suspendus à la fin de 1884 ; jusqu'à ce moment, 30 à 40 hommes étaient employés et les dépenses se sont élevées à 15.000 dollars.

Il paraît que les directeurs qui se sont succédé n'étaient pas bien au courant du traitement des minerais.

Les ouvriers qui travaillaient dans le puits étaient satisfaits du minerai, et auraient offert de travailler la mine à leurs risques et périls.

Les travaux n'ont pas été repris par suite du différend entre le gouvernement canadien et celui des États-Unis.

Le filon donnait, à la surface, du minerai contenant de l'or libre, mais à peu de profondeur, ce minerai était chargé de pyrites et d'un peu de mispickel.

La mine Winnipeg est toujours abandonnée.

§ **11.** — **Pine Portage.** — La mine Pine Portage, la plus importante et celle qui promettait le plus dans le district du Lac des Bois, a été travaillée activement durant l'été de 1884. Un puits était foncé jusqu'à 100 pieds, et une galerie d'avancement avait, vers le sud, une longueur considérable. Le minerai provenant du puits allait être envoyé à l'usine.

En 1885, de très petits travaux ont seulement été exécutés. L'intention était de les poursuivre la saison suivante, mais il n'en a pas été ainsi.

La raison donnée de la suspension des travaux a été la difficulté que rencontraient les propriétaires à se procurer un directeur expérimenté pour la mine. Cette position des propriétaires de mines au Lac des Bois était surtout rendue difficile par les études sérieuses que nécessitait le traitement des minerais.

§ 12. — **Gold Hill ou Northern Gold**. — Le filon de Gold Hill a été découvert en 1885, et la concession a été accordée à M. Burdette.

En 1891, cette mine est devenue la propriété de la Northern Gold Company, fondée au capital de 250.000 dollars.

En 1893, la Compagnie avait installé une usine importante pour le traitement de ses minerais par le procédé Leede. Une voie ferrée réunissait la mine à l'usine. Un puits était, en octobre 1893, à 60 pieds de profondeur, mais la valeur du minerai extrait n'avait pu encore être déterminée par un travail régulier de l'usine. Cependant cette usine était regardée, paraît-il, comme la mieux outillée de la région du Lac des Bois.

Les ouvriers n'ayant pas été payés et le directeur étant parti, les propriétés de la Northern Gold Company ont été vendues par autorité de justice en 1894. Elles ont été adjugées à M. Hay, pour le compte de la Dominion Gold Mining and Reduction Company.

§ 13. — **Sultana**. — La mine Sultana, concédée en 1889, est dans une réserve indienne.

La mine Sultana a été achetée en avril 1890 par M. J. F. Caldwell de Winnipeg, province de Manitoba. Les travaux ont été commencés en mars 1892, et l'usine a été installée à la fin de cette même année. On a pu expédier alors 130 tonnes de minerai concentré.

En 1893, le puits n° 3 était à la profondeur de 100 pieds lorsqu'une venue d'eau importante fit interrompre les travaux. L'approfondissement fut repris avec des pompes puissantes et le puits arriva, à la fin de l'année, à 150 pieds. L'extraction a donné 200 tonnes de minerai.

Le 26 juillet 1894, lors de la visite d'un inspecteur des mines, le puits était toujours à 150 pieds. Le premier niveau était à 40 pieds de profondeur et avait donné, pour un avancement vers le nord de 66 pieds, 6.000 pieds cubes de minerai ; l'avancement au sud avait 62 pieds et avait donné 3.000 pieds cubes de minerai. Un deuxième niveau, à 132 pieds de la surface, était en préparation, les galeries avaient 18 pieds vers le nord et 7 pieds vers le sud.

L'usine pouvait traiter 20 *short tons* par jour.

Peu de temps après cette visite, le puits a été foncé jusqu'à 175 pieds ; la veine avait 4 pieds d'ouverture et se continuait bien. L'usine fonctionnait régulièrement. La mine et l'usine occupaient ensemble 41 ouvriers.

Les travaux de Sultana ont été conduits depuis le début avec un esprit de suite et un talent d'organisation qui font le plus grand honneur à son propriétaire, M. Caldwell.

§ 14. — **Black Jack.** — La concession qui constitue la mine Black Jack a été accordée en 1889 à M. W. J. Francks, de Toronto.

Dans le courant de 1892, la concession a été vendue à la Black Jack Mining Company, formée par des capitalistes du Minnesota.

La Compagnie a aussitôt commencé ses opérations et, le 17 août 1892, un puits était à la profondeur de 63 pieds.

Pendant l'hiver de 1892-93, des bâtiments ont été érigés pour recevoir un concasseur Blake et deux moulins Crawford permettant de traiter 20 *tons* de minerai par journée de dix heures. L'usine a été essayée et a passé 50 *tons* de minerai en une semaine. Le travail n'a pas été satisfaisant.

La mine Black Jack a été vendue par autorité de justice et acquise en 1894 par M. Hay, pour la Dominion Gold Mining and Reduction Company.

§ 15. — **Ophir.** — La mine Ophir, au nord de Thessalon, a été vendue en 1891 à un syndicat de Duluth pour 1.000.000 de dollars. Plusieurs puits ont été foncés sur la veine et une usine de traitement a été édifiée durant 1891-92 et a été mise en marche en août 1892.

Cette mine avait exposé de beaux spécimens de minerai d'or à la Colombian Exposition de Chicago.

En 1893, l'usine pouvait traiter 40 *short tons* de minerai par jour. Les travaux avaient reçu un grand développement.

La mine Ophir était alors la propriété de l'Ophir Company, organisée suivant la loi de l'État d'Illinois, au capital de 3.000.000 de dollars.

La mine et l'usine n'ont été en travail que durant une partie seulement de 1894, par suite de l'insuffisance des fonds réellement versés pour former le capital. Cette mine était considérée, malgré cette suspension des travaux, comme une bonne propriété.

§ 16. — **Foley**. — Les concessions qui forment actuellement la propriété connue sous le nom de Foley, ont été accordées en 1894. Elles sont situées sur Shoal Lake.

Quatre puits ont été foncés; la plus grande profondeur atteinte est de 210 pieds. On a tracé trois niveaux dans l'un des puits.

Une Société a été créée en 1896 pour l'exploitation de la mine Foley. Cette Société a commandé une usine comportant 20 bocards pour traiter ses minerais.

§ 17. — **Fergusson**. — La mine Fergusson, située dans le district de la Rivière Seine, a été concédée en octobre 1895.

Quatre filons ont été reconnus sur cette concession et ont été travaillés par trois puits dont le plus profond a 50 pieds.

La mine Fergusson a été vendue en 1896 à une Compagnie anglaise, dont le siège est à Londres. L'émission des actions de cette Compagnie a été ouverte en juillet 1896.

ANNEXE N° 5

RENSEIGNEMENTS

Dans l'annexe n° 5, nous exposons les renseignements recueillis au cours de nos visites, tant auprès des personnes rencontrées sur les mines qu'auprès de celles qui s'intéressent à divers titres aux entreprises minières. On y a joint des notes extraites des publications du service des mines. Toutefois, on n'y trouvera pas les données relatives aux conditions économiques du pays : celles-ci forment l'objet de la quatrième partie du rapport.

L'ordre chronologique a été suivi dans cette narration, cependant le première et la cinquième tournées, ont été réunies parce qu'elles se rapportent au même district argentifère.

La présente annexe se divise en cinq chapitres.

Le chapitre I est consacré aux renseignements recueillis en dehors de nos excursions sur les gisements.

Le chapitre II donne le compte rendu des excursions dans le district de la Baie du Tonnerre.

Au chapitre III, on a consigné les notes relatives aux terrains de la Banque de l'Ontario.

Les tournées faites dans le district aurifère du Lac des Bois font l'objet du chapitre IV.

Enfin, le chapitre V se rapporte au district aurifère de la Rivière Seine.

Nous avons été guidés dans nos courses sur les terrains de la Baie du Tonnerre par M. Hay et, pour les autres excursions, notre guide a été M. Ahn, qui est l'associé de M. Hay pour ses affaires au Canada.

CHAPITRE PREMIER

§ 1er. — **New-York**. — Lors de notre arrivée à New-York. nous avons visité M. Richard P. Rothwell, ingénieur, éditeur de l'importante revue *Engineering and Mining Journal*. M. Rothwell nous a donné des lettres d'introduction auprès de plusieurs personnes connaissant les régions minières que nous devions visiter.

Nous avons été ainsi introduits auprès de :

MM. George M. Dawson, directeur du *Geological Survey* du Canada, à Ottawa;

Archibald Blue, directeur du Bureau des mines de la province d'Ontario à Toronto.

Peterson, ingénieur en chef du Canadian Pacific Railway;

Peter Mac Kellar, géologue, qui étudie depuis de longues années la province d'Ontario, à Fort William; .

Hille, ingénieur des mines, qui réside depuis plusieurs années à Port-Arthur;

C. Garnett Rothwell, neveu du directeur de l'*Engineering*, chimiste à la mine Sultana.

Nous visitons aussi, à New-York, M. Thalmann, de la maison de banque « Ladenburg-Thalmann and Cº », qui nous fait connaître M. Kean, directeur de la « North American Exploration Cº ». Ces messieurs nous donnent quelques informations sur le pays que nous devons parcourir, et signalent à notre attention la mine d'or de M. Foley (Shoal Lake-Rivière Seine) pour lequel ils nous remettent une lettre.

§ 2. — **Montréal**. — Le 15 juin 1896, au matin, nous arrivons à Montréal où nous rencontrons M. Vautelet, ingénieur principal du Canadian Pacific Railway, et M. Obalski, ingénieur des mines de la province de Québec, qui nous donne quelques renseignements sur l'Ontario. Comme M. Peterson, ils vantent beaucoup la richesse aurifère de la British Columbia.

§ 3. — **Ottawa.** — A Ottawa, le 16 juin, nous visitons M. George M. Dawson, directeur du *Geological Survey* du Canada, qui veut bien nous donner les renseignements suivants.

L'argent se trouve au bord du lac Supérieur, dans le district de la Baie du Tonnerre. Les filons sont dans la formation Animikie (Cambrien inférieur), montrant des schistes coupés de dykes de diabase.

Dans le Nipigon (Cambrien supérieur) du même district, il y a des gisements de cuivre.

Dans le Huronien du Lac des Bois, on rencontre l'or.

Fer. — Entre les deux districts, et dans le Huronien, le fer est abondant. Cependant il n'est pas exploité dans l'Ontario. On a bien fait quelques tentatives, mais sans continuité et sans succès. Non loin de ce pays cependant, dans l'État de Minnesota, on l'exploite très activement. Les raisons de cet abandon du fer sont : l'absence de moyens économiques de transport, la fermeture du marché des États-Unis par des tarifs de douane très élevés, et le manque de débouchés au Canada.

Argent. — Dans le district de la Baie du Tonnerre, les filons sont puissants, de grande longueur, mais la richesse, irrégulièrement répartie en poches de minerai à très haute teneur, peut ne pas être toujours assez abondante pour assurer des bénéfices.

Certaines mines ont eu la chance de trouver des amas suffisants pour assurer un bénéfice temporaire (Silver Islet qui a fourni pour 3.500.000 dollars d'argent, Beaver, Badger).

Ces mines n'ont pas utilisé ces succès pour assurer l'avenir; on ne sait pas ce que sont devenus les bénéfices et, une fois l'amas épuisé, on a dû arrêter les travaux.

En résumé, les exploitants se sont fait illusion sur les richesses qu'ils possédaient. La faute a consisté, pour les uns, à s'établir sur des mines qui n'en valaient pas la peine et, pour les autres, à croire l'amas inépuisable.

11

Or. — L'or est exploité à l'ouest de la province, dans la région du Lac des Bois.

La mine Sultana travaille et réalise des bénéfices. Cette mine est la plus profonde, mais le filon ne s'enrichit pas en profondeur. L'or est très finement divisé, mais la teneur reste à peu près constante.

A la mine Gold Hill, M. Ahn aurait l'intention d'installer une usine de traitement. C'est une mine peu profonde où l'on a fait quelques petits puits dans le filon.

La Regina est la troisième mine en exploitation sur le Lac des Bois; elle appartient à une Compagnie anglaise. L'or y est très finement divisé.

Il existe, en outre, une centaine de concessions sur lesquelles on a reconnu des filons, mais qui manquent de capitaux.

Beaucoup de petites usines de cinq bocards qui avaient été installées ont disparu faute de minerai.

Les mineurs n'ont fait que quelques travaux à de faibles profondeurs sur des minerais de 1 à 2 onces.

Pour que ces exploitations pussent se développer, il serait nécessaire de prouver la continuité des filons, qui sont connus sur une faible longueur seulement. Mais le pays est couvert de bois et de marais, et il est difficile de suivre les filons. Les affleurements ne sont guère visibles que sur des îlots et sur les bords des lacs.

Au Lac des Pluies et à la Rivière Seine, les filons sont dans le Huronien. L'injection minérale a pénétré dans les roches sous les trapps, et les dykes ont été laminés entre les schistes et les trapps; ils forment ainsi des gîtes de contact.

Les schistes sont noirs comme ceux de l'Animikie, mais plus compacts.

M. Dawson nous fait visiter le musée de géologie et de minéralogie du service géologique du Canada. Il nous y montre de beaux échantillons des roches, des minéraux et des minerais qui se trouvent dans les régions que nous devons parcourir.

A Ottawa, le même jour, nous visitons M. Elfric Drew Ingall, chef de division de la statistique générale des mines, qui veut bien compléter les renseignements que nous a fournis M. Dawson.

La dernière loi fédérale sur la propriété minière date de 1894. Dans l'Ontario, cependant, aucun règlement ni loi fédérale quelconque ne touche la propriété minière qui reste sous la seule loi de la Province.

Le développement des mines a été retardé dans l'Ontario par l'achat au comptant, à des prix trop élevés, des découvertes des chercheurs. Ceux-ci vendaient le filon dont ils avaient découvert l'affleurement jusqu'à 30.000 dollars au comptant.

Dans l'espoir de réaliser des bénéfices par millions, l'acheteur dépensait une dizaine de mille dollars en installations. Ce capital, déjà insuffisant, n'était de plus, ni sagement, ni utilement employé, et ne rapportait pas immédiatement de bénéfice. Les actionnaires se décourageaient vite et bientôt, de la Société à gros capital fictif, il ne restait plus qu'une mine dépréciée à vendre.

L'argent existe surtout dans les schistes noirs recouverts de trapps éruptifs. Sa présence est en relation directe avec les venues de diabase qui se sont infiltrées dans les schistes. Le croquis ci-dessous montre l'aspect général de ces gisements.

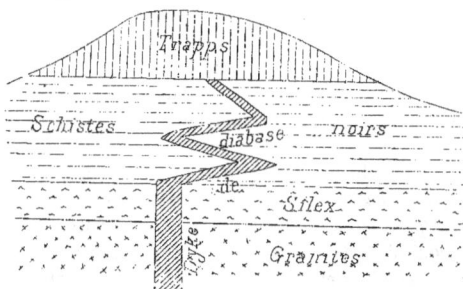

La dénudation de cet ensemble a produit les *bluffs*. Les falaises de trapp atteignent jusqu'à 100 pieds; les schistes noirs de l'Animikic ont jusqu'à 600 pieds.

Les filons sont dans les failles qui existent dans les schistes noirs. Ce sont ces gisements qui ont donné le maximum d'argent. Au contraire, quand le filon arrive aux silex inférieurs, l'argent disparaît.

M. Ingall a fait de nombreux essais sur une vingtaine d'échantillons prélevés sur la partie des filons encaissée dans les silex; il n'a pas trouvé d'argent, bien que ces échantillons contiennent de la blende et de la galène. On a cependant rencontré quelquefois de la blende et de la galène argentifères, mais c'était là de l'argent d'infiltration qui avait pénétré entre les clivages, ce qu'il n'avait pu faire dans le quartz. Ces deux sulfures ne sauraient donc être considérés comme de véritables minerais d'argent.

A Silver Islet, on a recoupé les schistes, mais la partie riche du filon se trouvait à la rencontre du filon et d'un dyke. A cet endroit, on a trouvé du graphite qui a peut-être été le réducteur des sels d'argent.

M. Ingall montre deux de ses rapports dont l'un traite spécialement des mines de la Baie du Tonnerre.

§ 4. — **Toronto**. — A Toronto, nous visitons M. Archibald Blue, directeur du bureau des mines de la province d'Ontario, qui nous donne les indications suivantes.

Dans la région de la Baie du Tonnerre, on n'a guère fait que des explorations et des travaux de recherche. Cependant, de véritables travaux d'exploitation ont été poursuivis au nord du district. Il existe sur ces derniers un mémoire de M. Logan remontant à 1881. Le rapport de M. Ingall est l'ouvrage le plus détaillé qui ait été écrit sur cette région.

L'argent se trouve dans les schistes noirs qui atteignent 400 à 500 pieds de puissance. Le pendage des terrains primitifs sous-jacents étant dirigé vers le lac, il est probable qu'au bord de celui-ci, où se trouvent les terrains de la Banque de l'Ontario, l'épaisseur des schistes serait plus considérable. Dans les mines citées précédemment, on rencontrait les silex au contact desquels les minerais s'appauvrissaient.

Le 18 juin, M. Hay nous introduit à la Banque de l'Ontario où nous trouvons M. Mac Gill, directeur, et M. Mac Donald, chef de la succursale de Kingston, ancien chef de l'Agence de Port-Arthur, qui, à la demande de M. Hay, est venu à Toronto pour nous donner quelques renseignements sur l'affaire des terrains miniers.

M. Mac Donald explique ce qui suit :

Les concessions appartenant à la Banque ont été accordées il y a vingt-sept ans à des marchands de bois. Cette circonstance permettra à l'acquéreur de disposer librement de ce qui peut rester de bois sur les terrains. De plus, contrairement à d'autres concessions, celles de la Banque ne paient pas de redevances, parce que la loi de l'Ontario, à cette époque, était plus avantageuse pour le mineur que la loi actuelle, et que les concessionnaires étaient en bonnes relations avec le ministère.

Les premiers propriétaires ont enlevé une grande partie du bois, surtout les pins. Ces marchands de bois avaient emprunté de l'argent à la Banque de l'Ontario et n'ont pu rembourser leur emprunt. La Banque a fait alors vendre publiquement leurs biens et les a fait adjuger au nom d'un M. Franks, son représentant.

Avant d'acquérir ces propriétés, la Banque les avait fait visiter par M. Mac Donald. Mais la région étant trop vaste pour qu'on pût la parcourir, celui-ci n'a vu que les parcelles les plus accessibles. Le seul but de sa mission était, d'ailleurs, de pouvoir dire s'il y avait dans ces propriétés des gisements de quelque valeur.

Depuis cette mission, accomplie en 1892, la Banque n'a rien fait sur ses domaines, elle n'y a même pas installé un seul gardien, et n'a pas l'intention de dépenser de l'argent pour mettre la valeur en lumière.

M. Mac Donald aurait vu treize filons dans la région de Cloud Lake et y aurait constaté la présence de l'argent. Il croit que la valeur des concessions de la Banque est plutôt dans le cuivre qu'elles recèlent que dans l'argent. Il ajoute qu'un ingénieur des États-Unis, M. Andrew C. Lawson, a visité le pays et aurait reconnu, dans la commune de Crooks, un gisement de cuivre comparable à celui de Calumet et Hécla.

M. Mac Donald, à qui nous demandons de nous donner des renseignements plus précis sur la situation des terrains, répond qu'il n'est pour rien dans cette affaire, qu'il n'est pas le directeur de la Banque, qu'il s'est dérangé pour être agréable à M. Hay, et qu'il lui était impossible de nous mieux renseigner.

M. Mac Gill, directeur de la Banque, à qui nous nous adressons alors, nous dit qu'il peut garantir le transfert de la propriété et que, si la vente a lieu, rien n'empêchera l'entrée en jouissance des acquéreurs. Quand le propriétaire primitif a emprunté à la Banque, il a donné en garantie tout ce qu'il possédait et, entre autres choses, les terrains dont il est question. A cette époque, la Banque n'a fait aucune enquête, car il était notoire que ces terrains recélaient des métaux ; de plus, les autres garanties fournies par les emprunteurs paraissaient suffisantes à elles seules.

La Banque, non remboursée, a fait exécuter les emprunteurs et, sous le nom de Franks, elle a acquis la propriété des terrains qu'elle avait fait visiter par M. Mac Donald.

Tous les actes sont réguliers et les preuves en existent, mais la Banque ne peut les communiquer à cause des frais de copie qui seraient fort élevés, et qui seraient faits en pure perte au cas où l'affaire ne se conclurait pas. Si l'on arrive à une décision favorable, il n'y aura aucune difficulté pour cette communication, pas plus que pour le transfert.

La Banque n'est pas un exploitant, la loi, du reste, lui interdit de rester propriétaire et d'être exploitant de mines. Si elle ne s'est pas pressée davantage de vendre ses terrains, c'est qu'elle a réduit sur ses livres, par voie d'amortissement, sa créance de 300.000 ou 400.000 dollars à 125.000 dollars. Actuellement, la Banque attend un acheteur sérieux pour être remboursée.

Depuis deux ans que M. Mac Gill est directeur, on n'a vendu aucun terrain et il n'a connaissance d'aucune vente ayant été effectuée avant lui. Les terrains sont la seule valeur dont dispose la Banque pour assurer le remboursement des 125.000 dollars qui figurent encore sur ses livres.

M. Hay explique que c'est avec M. Nelson, directeur de la succursale de la Banque à Port-Arthur, qu'il a négocié en vue de la cession des terrains miniers. Celui-ci nous donnera de plus amples renseignements sur la situation géographique des gisements.

M. Hay promet d'ailleurs de nous faire accompagner par un géomètre officiel, et nous assure que les limites des propriétés sont marquées par des bornes.

Le directeur de la Banque nous remet, sur notre demande réitérée, une lettre régulière d'introduction auprès de M. Nelson, et nous promet de lui écrire de se mettre à notre disposition pour cette affaire.

§ 5. — **Port-Arthur.** — Le samedi 20 juin, à Port-Arthur, M. Hay nous propose le programme suivant :

Dimanche 21, visite de Silver Islet.

Du lundi 22 au mercredi 24, visite de la région de Rabbit Mountain.

Jeudi 25. visite de la région du lac Cloud et du Loch Lhomond. Pour ces deux excursions, il ne peut prévoir aucune durée.

Mais M. Frauk Keefer, avocat à Port-Arthur, propriétaire des terrains proposés par M. Hay, assure que ce serait folie de vouloir tracer des itinéraires nouveaux pour visiter le pays. Il est impossible d'ouvrir soi-même son chemin. Il faudrait faire tracer des sentiers en coupant les taillis. De plus, il y a, en cette saison, une telle quantité de moustiques dans certaines parties du pays que les Indiens seuls peuvent y circuler.

M. Nelson nous déclare ce qui suit :

Il nous procurera un vapeur et nous fera accompagner par des personnes en état de nous montrer les concessions de la Banque.

La somme payée par la Banque, pour les taxes de ses propriétés, est de 360 dollars environ par an.

À ce sujet, M. Hay explique que les charges dont parle M. Nelson consistent simplement en une taxe locale afférente aux chemins utiles aux mines, et qui est exigible le 1er mai de chaque année. Il promet de nous faire rencontrer M. Munroë, conservateur des biens de la Couronne, qui affirmera que les propriétés de la Banque sont bien en règle.

M. Nelson nous remet l'affiche ci-dessous de la vente aux enchères de mars 1889, et nous déclare que depuis cette époque la Banque n'a vendu aucune parcelle de terrain, mais seulement des coupes de bois.

AUCTION SALE

OF VALUABLE

TIMBER AND OTHER LANDS

IN THE DISTRICT OF THUNDER BAY

Under and by virtue of a Power of Sale contained in a certain Registered Mortgage, which will be produced at the time of Sale, and upon which default in payment has been made, there will be offered for Sale by Public Auction at the Auction Rooms of SUCKLING, CASSIDY et C°, Nos, 64, 66 and 68 YONGE STREET, in the City of Toronto, in the County of York, on

Saturday, 2nd day of March, 1889

at the hour of Twelve o'clock noon, the following valuable timber and other lands, namely :

« All and singular those certain parcels or tracts of lands and premises, situate, lying and being in the Township of Blake, in the District of Thunder Bay and Province of Ontario, containing by admeasurement fourteen thousand, four hundred and forty-nine acres, more or less, being composed of the north-west and south-west sub-division of Section Three, Section Four and Section Five in the First concession; the north-west and south-west quarters of Section Five in the second concession; the south-east quarter of Section Two, the north-west and south-west quarters of Section Five and the south-east quarter of Section Six in the third concession; the north-west quarter of Section Five in the fourth concession; also Islands B, C, D, E and F in Loch Lomond, in the said Township, also the south-west subdivisions of Section Two and the south-east and south-west sub-division of Section Three in the fourth concession; the north-west quarter of Section Two in the north-east, south-west and south-east quarters of Section Three, and the north-east and south-east sub-divisions of Section Four in the fifth concession of said Township. The north-west quarter of Section Nine in the third concession; the north-east quarter of Section Ten, the south-west quarter of Section Eleven in the third concession; the west half of the north-west quarter of Section Ten, the north-east, north-west, and south-west quarters of Section Eleven in the fifth concession; the north-west and south-west quarter of Section Nine, and the north-east quarter of Section Ten in the seventh concession; the north-west quarter of Section Nine, and the north-east and south-east quarters of Section Eleven in the eighth concession; the north-west quarter of Section Nine, and the north half of the north-east quarter of Section Eleven in the ninth concession of said Township; also the north-east quarter, the west-half of the south-east quarter, and east half of the south-west quarter of Section Eight, and the south-east quarter of Section Seven in the first concession; the south-east quarter of Section Two, in the third concession; the south-west quarter of the south-east quarter of Section Ten in the second concession; the west half of the north-east quarter of Section Eleven in the fourth concession; the south-west quarter of Section Ten, and the south-east quarter of Section Eleven in the fifth concession of said Township; the south, the south-east part and the south-west quarter of Section Six, the east half of the south-east quarter and the east half of the north-east quarter of Section Seven in the fourth concession of said Township; the north half of the north-west quarter, the west half of the south-east quarter, and the south-west quarter of Section Eleven in the fourth concession; the north-west quarter of Section Eleven, and the south-west quarter of Section Nine in the third concession; the south half of the south-east quarter of Section Ten, and the south-west quarter of the south-west quarter of Section Nine in the sixth concession of said Township. Also the south-east and south-west subdivisions of Section Seven, the east half of Section Nine and Section Eight in the ninth concession; the south half of the south-

12

half of Section Nine in the eighth concession; the south half of Section Ten, and the south half of Section Eleven in the said ninth concession of said Township; also the north-west sub-divisions of Section Three, concession two; the south-east sub-division of Section Four, concession two; the northwest quarter of Section Four, concession two; the northeast sub-division of section four, concession two; the north-west quarter of section four, concession two; the south-east and north-east quarters of Section five concession two; the south-west quarter of Section Two, concession three; the west half of the north-east quarter of Section Two, concession three; the south-east sub-division of Section Three, concession three; the south-west quarter of Section Four, concession three; the north-east sub-division of Section Four, concession three; the north-west quarter of Section Four, concession three; the south-east quarter of Section Five, the north-east quarter of Section Five, concession three; the north-west quarter of Section Two, concession four; the north-east quarter of Section Three, concession four; Island A the north-west sub-division of Section Four, concession four; the south-east sub-division of Section Five, concession four; the south-west quarter of Section Five, concession four; the north-east sub-division of Section Five, concession four; the south-west quarter of Section Four, concession five; the north-west sub-division of Section Four, concession five; the south-east quarter of Section Five, concession five; the south-west quarter of Section Five, concession five; the north-east sub-division of Section Five, concession five; and the north-west sub-division of Section Five, concession five in said Township. Also the north part of the south-west sub-division of Section One, concession two ; the north-west subdivision of Section One, concession two ; he north-east sub-division of Section Two, concession two; the north-west sub-division of Section Two, concession two; the north part of the south-east sub-division of Section Two, concession two, and the north part of the south-west sub-division of Section Two, concession two, in said Township of Blake.

» Also all anti singular those certain parcels and tracts of lands and premises situate, lying and being in the Township of Pardee, in the said District of Thunder Bay, containing by admeasurement four thousand five hundred and two acres, more or less, being composed of the north-half of Section Seven, the north-west quarter of Section Nine, and the north-east quarter of Section Ten in the first concession; the south-east quarter of Section Thirteen in the fourth concession; the west half of Section Thirteen in the fifth concession; the north-west quarter of Section Twelve and Section Thirteen in the sixth concession; the west half of Section Twelve and Section Thirteen in the seventh concession; the south-west quarter of Section Twelve and the north half of Section Thirteen in the eighth concession; and the north-west quarter of Section Thirteen in the ninth concession; the north half of the north half of Section Seven in the sixth concession; the south-west quarter and the west half of the south-east quarter of Section Ten in the first concession; the west half of Section Nine in the second concession; and the south-west quarter of Section Nine in the first concession; the north-west quarter of the north-west quarter of Section Seven in the fifth concession; the south-west quarter of the south-west quarter of Section Seven in the fourth concession; the north-east quarter of the north-east quarter of Section Eight in the fifth concession : the south-east quarter of the south-east quarter of Section Eight in the fourth concession, — all in the said Township of Pardee.

» Also all and singular those certain parcels or tracts of land and premises situate, lying and being in the Township of Crooks, in the said District of Thunder Bay, in the Province of Ontario, containing by admeasurement five thousand, eight hundred and forty-three acres, more or less, being composed of the south half of the south-east and south-west quarters of Section Two in the first concession; the north half of the north-east and north-west quarters of Section Two in the second concession; the south-west quarter of Section Four in the second concession, the north-west quarter of Section Four in the second concession; the north-west quarter of Section Four in the third concession the south-east sub-division of Section Five in the second concession; the north-east sub-division of Section Five in the third concession; the north-west sub-division of Section Five in the third concession, the south-west sub-division of Section Five in the third concession ; Section six in the fourth concession; the north-west and south-west sub-divisions of Section Six in the third concession; the north-west and south-west sub-divisions of Section Six in the second concession; and the north-west and south-west sub-divisions of Section Six in the first concession; the south-west quarter of the north-west quarter and the north-west quarter of the south-west quarter of Section Two in the first concession; Section Three in the first concession; the north half and the west half of the south-east quarter, and the east half of the south-west quarter of Section Three in the second concession; the east half of Section Number Four in the first concession; the north-east quarter of Section Four in the second concession; Section One in the first concession; the north-east quarter of Section Two in the first concession; the east half of Section Six in the fifth concession; the south-west sub-division of Section Five in the second concession; the south-east sub-division of Section Six in the second concession; the north-east sub-division and the south-east sub-division of Section Six in the third concession; the south-east sub-division of Lot Number Six in the first concession; the south-west sub-division of Lot Number Five in the first concession — all in the said Township of Crooks, save and except the undivided one-half interest in the south-east quarter of Section Four, the south half of Section Three in the first concession of the said Township of Crooks, conveyed by the said Joseph Davidson to Hugh H. Ross, Edmund F. Krelivitz and James Mc-Namara, of the Town of Fort William.

» Also all and singular those certain parcels or tracts of land and premises, situate, lying and being in the Township of Neebing, in said District of Thunder Bay, and being composed of Lot Number Sixteen and a part of Lot Number Seventeen in the first concession south of the Kaministiquia River, and described as follows : Commencing at the south-east angle of Lot Number Sixteen on the west side of the sideroad allowance between Lots Fifteen and Sixteen. Thence due west astronomically thirty-seven chains and five links more or less to a post. Thence due north astronomically parallel with said side road ninety-three chains more or less to a post planted one chain from the Kaministiquia River. Thence easterly following the right bank of the said River, going with the stream, at a distance of one chain from the same to a road allowance to the west limit of the aforesaid road allowance between Lots Fifteen and Sixteen. Thence along the said limit of road allowance south astronomically ten chains more or less to the place of beginning, the same being one-half of the area of Lots Sixteen, Seventeen and Eighteen in said first concession.

» Also all and singular those certain parcels or tracts of land and premises situate, lying and being on Island L. lying to the east of the Township of Neebing known as Neebing additional, of the said District of Thunder Bay, being the west seven and seven-tenths acres of Lot Number Three in concession G; the north twenty-one and one-half acres of Lot Number Four in concession F; the north thirteen and one half acres of Lot Number Five in concession F, and the north fourteen and three-tenths acres of Lot Number Six in concession F— containing fifty-seven acres more or less, excepting that portion thereof agreed to be conveyed by the said Joseph Davidson to Peter J. Brown by agreement dated the Fourteenth day of January, 1879, and therein described as a strip five rods in width east of the skeleton frame house on said lands, put up by Mr. McKellar, the easterly boundary thereof to run from the river back parallel with the easterly limit of the parcel of land, of which said strip is a part, containing by admeasurement four acres more or less.

» Also all and singular that certain parcel or tract of land and premises situate, lying and being in the township of Sibley, in the said District of Thunder Bay, containing one hundred and twenty-seven acres more or less, being composed of Lot Number Eleven in the ninth concession of said township of Sibley, also Lot Number Ten in concession K east of the said Township of Neebing, known as Neebing additional, containing by admeasurement forty-three and Sixtenths acres more or less, and also Lot number One on Walter Street, in subdivision of Lot Number Six in the township of Neebing, and House and Lot Number Twelve in Block R on the North side of Gore Street, being sub-division on Lot Number Six in the first concession of Neebing.

» On the above lands in the Township of Blake, Pardee and Crooks is a large amount of standing pine timber, most of which can be cut and transported without difficulty to the waters tributary to Thunder Bay.

» These lands are distant from fifteen to twenty-five miles from Port Arthur. Valuable mineral discoveries have been made on lands closely adjoining thereto. The Neebing lands lie on the Kaministiquia River on the opposite shore to and facing the Canadian Pacific Railway Elevator and Lumber Docks, and comprise one of the most valuable mill sites on the River. Upon these lands are erected a Saw Mill, with a nominal capacity of 25.000 feet of lumber a day; a Planing Mill, Store and Office, Stables, Blacksmith Shop and Boarding House.

» Full particulars of the lands and premises, and terms of payment of purchase money can be obtained by application to MESSRS, MOSS, BARWICK and FRANKS, Solicitors, Toronto, or to

» JOHN LEYS,

» *Vendor's Solicitor, Toronto.* »

M. Nelson nous promet, en outre, une liste exacte des propriétés avec le montant de la taxe incombant à chacune d'elles. Il nous garantit que ces concessions de mine n'ont jamais été demandées par des tiers.

Le même jour, nous proposons d'aller chez le conservateur, mais M. Keefer fait observer que pour avoir le nom du propriétaire actuel des biens, il faudrait acquitter des droits élevés. Dans ces conditions, M. Hay propose de se contenter d'un entretien officieux avec M. Munroe.

Le conservateur nous dit, en effet, qu'il ne pourra répondre d'une façon précise sur la question de validité des titres de propriété, car sa qualité d'officier de la Couronne l'oblige à une certaine réserve. Cependant, il considère la situation comme régulière; deux lots seulement d'une surface totale de 100 acres ont pu être perdus par le premier propriétaire faute d'avoir acquitté les taxes.

M. Nelson reconnaît l'exactitude du renseignement, mais ajoute que la Banque a racheté ces deux lots comme le montrera d'ailleurs l'état des taxes acquittées par elle.

M. Munroë nous expose qu'autrefois on devenait propriétaire par le seul paiement du prix d'achat ; c'est pourquoi il n'y a aucune redevance qui grève les terrains de la Banque. Quant à la taxe payée, c'est une taxe municipale pour laquelle la loi fixe un maximum de trois cents par acre. Les trois communes de Blake, de Crooks et de Pardee étant trop peu peuplées, on les a réunies avec deux autres en une même municipalité nommée Neebing qui perçoit cette taxe sur les terres.

Le 20 juin, nous visitons M. Hille qui, nous donne les renseignements suivants :

Il n'a été fait que peu d'exploration et de travaux de recherche sur les terrains de la banque.

M. Hille a fait des recherches dans la commune de Crooks avec le Dr Lawson, géologue de la province d'Ontario. Il a découvert un riche dépôt de cuivre sur lequel il a fait un rapport. Ce gisement consiste en un dyke contenant du cuivre natif en grains ; il n'a jamais été exploité.

L'argent se trouve en poches pouvant contenir jusqu'à 100.000 dollars.

Ces poches ne sont pas isolées ; le minerai s'appauvrit, il est vrai, en métal précieux, mais la minéralisation en autres métaux subsiste assez pour constituer un lien entre les poches riches et faciliter la recherche de l'argent.

Il n'y a pas de lois générales sur l'allure de ces poches ; elles sont tantôt au toit, tantôt au mur, tantôt au milieu du filon, avec toutes espèces de formes et d'inclinaisons ; avec des parties alternativement riches et pauvres en argent.

Au sud de Cloud Lake, on a percé une galerie de niveau mais on n'a pas foncé de puits ; les travaux ont été abandonnés depuis la baisse de l'argent. Du reste, les exploitants manquaient de ressources pour travailler.

Beaver, Badger, Porcupine et Silver Mountain Ouest ont donné des profits. L'abandon de ces mines est attribué à la baisse de l'argent et à des discussions entre les propriétaires.

La Compagnie de l'Ontario a vendu Silver Islet à la Compagnie de ce nom qui n'exploite plus. Cette mine a été dirigée d'une façon peu sérieuse : on a gaspillé l'argent en achats considérables et coûteux, de grands espaces de terrains autour de l'île.

M. Hille dit que les Canadiens n'ont pas l'esprit d'entreprise. Il engage les étrangers à n'apporter leurs capitaux qu'après l'étude attentive des propriétés. Il faut de bonnes raisons pour venir exploiter autour de Port-Arthur, car s'il y a partout des poches de minerai, il faut cependant, pour les découvrir, beaucoup de travaux stériles.

Les affleurements sont très larges, souvent même trop larges pour être bien étudiés.

Enfin, il croit qu'avec de meilleurs appareils de préparation mécanique, une classification plus complète et l'utilisation des sous-produits on parviendrait souvent à assurer la marche d'une exploitation.

Toutes ces choses ont été ignorées ou volontairement négligées.

D'après M. Hille, on a projeté de construire un chemin de fer de de Kakebeka Falls, près de Fort William, à Rat Portage, en traversant le district de la Rivière Seine. Déjà la voie ferrée existe de Fort William à Kakebeka Falls.

Le dimanche 21 juin, nous demandons à M. Hay si, pour notre visite des terrains de la Banque, il s'est assuré, comme nous en étions convenus, les services d'un géomètre. Il répond que ce serait là une très grosse dépense qu'il vaut mieux éviter : M. Ahn, M. Keefer et le guide qui nous accompagneront, savent très bien où sont les terrains.

Nous objectons que le concours d'un géomètre officiel aurait été utile pour affirmer la situation des propriétés de la Banque.

Le soir même, M. Keefer déclare devant nous, à M. Hay que, contrairement à ce que ce dernier nous avait dit, il ne comptait pas nous accompagner. Il a exposé qu'il était retenu par ses occupations d'avocat ; que, de plus, la course était longue et difficile, qu'on y perdrait tous ses vêtements ; que dans ces conditions, il n'aurait pu l'entreprendre que contre honoraires.

Le lendemain 22, M. Keefer nous dit qu'il a hérité de son frère, mort il y a quatre ans, un certain nombre de propriétés minières dont il a vendu une partie. Par une entente qu'il a conclue avec M. Hay, les terrains qui lui restent pourraient passer dans la liste des offres de ce dernier. MM. Keefer et Hay nous demandent de visiter ces terrains, si notre itinéraire nous le permet.

Le 26 juin, M. Nelson nous remet, sur notre demande, la liste des concessions composant les propriétés de la banque de l'Ontario. Ces concessions sont situées dans les communes de Crooks, de Blake et de Pardee. Cette liste est constituée par un état des impôts payés pour chacune de ces concessions. Le reçu de 387 dollars, montant de cet état pour 1894, nous a été présenté.

M. Ahn, prié de présenter le programme de la semaine suivante, déclare qu'il sera impossible de partir le samedi 27 juin parce que le bateau qu'il a retenu est à Fort-William et ne sera libre que lundi.

On partira donc de Port-Arthur le lundi matin à 4 heures; on arrivera à Cloud Bay dans la matinée, et le soir, on sera à Cloud Lake.

M. Ahn convient d'envoyer deux hommes en avant pour préparer le campement.

Mardi on marchera toute la journée dans la montagne pour visiter des gisements d'argent. Mercredi on ira visiter des filons de cuivre.

Jeudi on retournera à Cloud Bay, et, de là, par le vapeur, au Loch Lhomond.

Vendredi on visitera le Loch Lhomond et on rentrera à Port Arthur le samedi.

Le 28 juin, M. Ahn annonce que M. Hay arrivera le lundi à 6 heures du matin, et qu'on ne partira pour Cloud Bay qu'après son arrivée.

Sur notre demande, M. Nelson déclare, le 5 juillet, qu'il a acquitté les taxes de 1895 pour les concessions appartenant à la Banque. Il peut montrer le reçu de ce paiement qu'il n'avait pas sous la main quand il nous a remis le reçu de 1894.

M. Nelson promet de nous donner des renseignements, avec comptes à l'appui, sur le commerce de minerais fait autrefois par l'intermédiaire de la Banque. Disons de suite que, malgré plusieurs rappels de cette promesse, nous n'avons pas reçu ces renseignements.

Nous avons exposé à M. Nelson combien il était regrettable que sa Banque n'ait rien fait pour mettre en lumière la valeur minière de ses propriétés et aussi qu'elle n'ait pas envoyé avec nous M. Mac

13

Donald, au lieu de nous laisser guider par un homme aussi peu sérieux que M. Cyrette. Nous ajoutons que celui-ci ne nous a guère montré que des gisements ne faisant pas partie de ceux que nous avions mission d'examiner.

MM. Nelson et Hay regrettent comme nous ce qui s'est passé et conviennent bien que, dans ces conditions, la Banque ne peut pas vendre ses propriétés bien cher, car elle n'a rien fait pour en mettre la valeur en évidence.

M. Nelson ajoute que c'est lui qui a désigné le guide Cyrette, parce que celui-ci lui avait affirmé bien connaître les terrains de la Banque et les filons qui s'y trouvent. Il regrette d'avoir eu confiance dans ses affirmations.

Le 5 juillet, en revenant de Silver Islet sur le vapeur *Mary-Ann*, M. Hay nous a présenté M. Mac Kellan qui exploite des bois dans la commune de Pardee, sur les terrains de la Banque de l'Ontario.

En déboisant le sol, M. Mac Kellan a reconnu l'existence de quatre filons, dont trois portant de l'argent et un portant du cuivre. Ces filons seraient au sud de Cloud Lake, entre ce lac et la rivière du Pin.

M. Hay dit qu'il ne nous a pas encore fait voir grand'chose sur les terrains de la Banque. Il propose, pour compléter notre étude, de nous montrer les propriétés de la Banque dans la commune de Pardee. Il expose qu'on se rend à cet endroit par bateau à vapeur jusqu'à Pine Bay, sur le lac Supérieur, et, de là, aux filons par une route carrossable.

M. Mac Kellan offre de mettre à notre disposition des ouvriers, des chevaux et une voiture ainsi que son habitation. De Port-Arthur, il faut trois jours pour faire cette excursion, y compris l'aller et le retour.

Nous ne savions, en effet, que bien peu de choses des richesses minérales que pourraient recéler les terrains de la Banque. Aussi, tout en faisant observer que la durée prévue pour notre mission serait déjà allongée par les excursions à faire sur les terrains aurifères, nous consentons à revenir sur les terrains argentifères après notre voyage au lac des Bois et à la rivière Seine.

Le mercredi 15 juillet 1896, lors de notre retour du district de la rivière Seine, M. Hay nous a fait, à Port-Arthur, une nouvelle proposition. Il pense que, en dehors de l'excursion dans la commune de Pardee, qui a été arrêtée le 5 juillet, il serait bon de retourner au Loch Lhomond. Il dit avoir trouvé un guide sûr qui nous montrera, sur les terrains de la Banque, dans cette dernière région, de magnifiques filons..

Nous devons faire observer à M. Hay que nous avons déjà consenti à l'excursion supplémentaire sur la commune de Pardee et que nous ne pouvons indéfiniment allonger notre mission pour suivre chaque individu qui dira connaître les propriétés de la Banque.

On se tiendra donc à ce qui a été convenu.

Le 16 juillet, après avoir promis pour 8 heures du soir le bateau qui doit nous conduire sur la rive de Pardee, M. Hay vient nous avertir que le vapeur ne sera pas disponible à l'heure convenue. Il est à Fort William où il remorque un train de bois, et ne rentrera à Port-Arthur que dans la nuit. Il nous expose ensuite que la date de notre retour de l'excursion projetée est incertaine, et demande enfin si nous insistons pour aller sur les terrains de Pardee.

Nous devons répondre qu'ayant vu jusqu'alors bien peu de chose sur les propriétés de la Banque, nous serions désireux de voir Pardee. Toutefois, il doit être bien entendu que nous tenons à quitter Port-Arthur le 19 juillet. En conséquence, nous sommes prêts à partir pour cette dernière excursion si M. Hay peut nous garantir notre retour pour cette date.

M. Hay ne peut nous donner cette assurance, étant donné que le bateau ne pourra partir que le 17 au matin. Il en conclut que l'expédition est impossible à faire dans les conditions voulues. Il propose, en conséquence, de se borner à une nouvelle course au Loch Lhomond, où il affirme à nouveau que de beaux filons seront soumis à notre examen. Nous acceptons.

§ 6. — **Fort William**. — Le 16 juillet, nous avons visité, à Fort William, M. Peter Mac Kellar, qui nous a donné les renseignements qui suivent.

L'abandon des mines d'argent tient d'abord à la baisse des cours ; une autre raison importante est la forme en poches des gisements. Enfin, on n'est pas descendu assez bas dans les filons. M. Mac Kellar croit qu'au-dessous des silex, dans le terrain archéen, on trouverait l'argent plus régulièrement distribué que dans les schistes de l'Animikie. Les mines auraient alors mieux réussi ; il espère que le jour où on fera des travaux profonds elles retrouveront la prospérité.

La formation Animikie est à peu près plate ; les lits inférieurs de cet étage sont siliceux, et, au-dessus, il y a des schistes noirs qui ont environ 300 pieds d'épaisseur.

Les lits siliceux arénacés inférieurs ont 600 à 700 pieds, ce qui fait pour l'Animikie une puissance de 1.000 pieds environ.

Le lac Supérieur est probablement un affaissement de ces couches. Les terrains sont inclinés, vers le lac, de 8 à 15° sur la rive canadienne et de 32 à 60° sur la rive américaine.

Il y a des schistes qui sont très durs et tournent au grès à grain très fin.

L'Animikie repose sur l'Archéen qui est presque vertical. Il a été très fissuré. Les premières cassures ont été remplies par le trapp qui a donné les dykes, mais les fissures ultérieures ont donné des filons de divers spaths avec de l'argent et des sulfures métalliques.

Ces fractures affectent non seulement les schistes, mais aussi l'Archéen ; ce sont de véritables filons de rupture. Quelquefois des dénivellations se sont produites entre les parties séparées par la fracture.

La richesse minérale paraît concentrée dans les schistes noirs ; à la partie inférieure, les filons sont bien définis, mais ils sont pauvres en argent. On a trouvé, à la base de l'Animikie, des minerais tenant jusqu'à 4 dollars d'argent par *Short ton*.

M. Mac Kellar dit que si le sondage de Beaver n'a pas donné d'argent en profondeur, c'est parce que l'emplacement en avait été mal choisi.

Il semble qu'il existe une relation entre les dykes et la venue de l'argent, car au voisinage des dykes le métal est plus abondant.

Les travaux de Silver Islet auraient été arrêtés parce qu'on demandait 40.000 dollars pour épuiser la mine. Le minerai de cette

exploitation contenait plus de spath rougeâtre que d'autres de la région ;
mais M. Mac Kellar considère que c'est un fait accidentel pouvant se
produire dans toutes les mines. Ces particularités ne sont pas rares ;
c'est ainsi que le spath vert abonde à Silver Mountain, tandis que le
spath rose domine à Mac Kellar Island.

Le filon de Silver Islet est de la même époque que les autres de
la Baie du Tonnerre.

M. Mac Kellar pense que toutes les cassures de la surface se réunissent en profondeur et ont été remplies en même temps par des
expansions métallifères venues d'en bas.

Pour la région aurifère, il croit que les filons se trouvent dans
une syénite et non dans le Gabbro.

Il y aurait à la rivière du Pays Plat un filon qui a donné l'hiver
dernier jusqu'à 5.000 dollars d'argent par *short ton*. Ce filon court
dans les roches archéennes. Si la richesse se continue en profondeur,
ce serait la confirmation des théories de M. Mac Kellar.

§ 7. — **Rat Portage.** — Dans une conférence avec M. Hay, à
Rat Portage, le 7 juillet, nous lui faisons remarquer à nouveau que,
parmi les concessions qu'il nous a fait visiter, aucune ne se trouve
appartenir à la Banque de l'Ontario, ni être porté sur la liste n° 2
qu'il a fournie à Paris. M. Hay reconnaît l'exactitude de cette obser-
vation, mais ajoute qu'il tenait surtout à nous faire visiter les
terrains de la Banque. Quant aux autres, dit-il, ils sont éloignés,
dispersés et d'un accès difficile ; malgré cela, si nous insistons, il
nous les montrera. Nous devons exposer alors qu'il est maintenant
trop tard pour faire de semblables excursions, notre mission arrivant
à la fin de sa durée prévue.

M. Hay déclare qu'il a toujours été convenu qu'il s'agissait surtout
de se former une opinion générale sur l'ensemble du pays ; c'est ce
qu'il a cherché à réaliser.

Nous avons alors renouvelé à M. Hay nos observations au sujet de
l'attitude de la Banque et du peu de valeur qu'ont en ce moment
les richesses minérales que pourraient recéler ses terrains.

M. Hay reconnaît le bien fondé de nos dires, et déclare qu'il a fait une offre pour Rabbit Mountain en plus des listes.

Nous l'engageons alors à présenter une liste d'offres de ce genre avec les prix.

Il répond en rappelant les conditions si favorables du contrat de Paris. Il n'y a rien à payer d'avance pour ces propriétés dont l'option finit en 1897. Il n'est pas nécessaire qu'elles soient toutes bonnes, il suffit de réussir sur un ou deux points pour faire une bonne affaire, et cela lui paraît possible.

CHAPITRE II

§ 8. — **Mine 3 A.** — La mine 3 A a été visitée le 21 juin. Nous nous y sommes rendus de Port-Arthur par un petit vapeur. Nous y avons vu un puits qui, nous a-t-on dit, a été foncé il y a vingt-six ans; il y a trois autres puits. La concession s'étend à trois milles à l'intérieur, elle renferme trois filons.

Les travaux ont été poussés jusqu'à la profondeur de 150 pieds.

L'un des filons a fourni une petite quantité de minerais d'argent très riches. Ces minerais formaient de petites poches dans le filon.

Les deux autres filons ont donné du minerai dont la teneur a varié de simples traces d'argent à 70 dollars pour l'argent et autant pour l'or par *short ton*.

§ 9. — **Rabbit Mountain.** — (22 et 23 juin.) — Pour se rendre à la mine Rabbit Mountain, on prend le Port-Arthur Duluth and Western Railway. La ligne remonte la vallée de la Kaministiquia. De Port-Arthur à la station Stanley, il y a un trajet de près de deux heures.

De Stanley, on va en voiture à Rabbit Mountain, distante de 6 milles. L'altitude de la mine est de 1.400 pieds au-dessus du niveau de la mer.

Le pays est boisé d'essences tendres; les arbres sont droits, ce sont des peupliers, des bouleaux et des sapins.

Le gardien de la mine Rabbit Mountain est M. Mac Phee, le mineur qui a fait les travaux préparatoires de la mine.

La concession, qui a 200 acres de superficie, a été accordée en 1882-83 à M. Mac Phee, qui l'a vendue en 1887. Au mois de novembre de la même année, les nouveaux propriétaires ont exploité une poche qui a fourni pour 20.000 dollars d'argent. La mine a été ensuite donnée à option à une Compagnie de Duluth. Celle-ci a suspendu les travaux en 1892 à cause de la baisse de l'argent, paraît-il. Actuellement, la propriété appartient à une Compagnie de Saint-Paul (Minnesota).

La présence du dyke au voisinage du filon annonce ordinairement un bon minerai d'argent; la mine de Silver Islet, en particulier, présentait ce caractère.

En réponse à une question posée à M. Mac Phee, il déclare qu'on n'a pas arrêté les travaux parce qu'on aurait atteint les silex, au contraire, on espérait avoir encore des milliers de pieds à faire dans les schistes. Il dit aussi que dans les derniers temps on a expédié un wagon de minerai de *20 short tons* qui valait 50.000 dollars.

Le filon n° 1 a 6 à 8 pieds d'ouverture; il contenait une partie fortement minéralisée de 1 à 2 pieds qui se tenait tantôt au toit, tantôt au mur du filon, dont le minerai était livré directement aux acheteurs, sans passer par l'usine. Cependant on abattait toute l'épaisseur du filon. Ce filon a été travaillé jusqu'à la profondeur de 300 pieds.

L'exploitation aurait été surtout développée vers l'est, pour le motif suivant : Un syndicat, composé de plusieurs administrateurs de Rabbit Mountain, acheta des propriétés situées à l'est de la mine; il fit ensuite pousser les travaux dans cette direction afin d'augmenter la valeur de ces terrains. Depuis, ce syndicat a fusionné avec la Rabbit Mountain. Il paraîtrait, d'ailleurs, que la partie la plus riche du filon serait à l'opposé des terrains ayant appartenu au syndicat.

Les veinules des affleurements se réunissent à la profondeur de 100 pieds et forment alors un véritable filon qui, par places, atteint 8 pieds.

Le filon n° 2, qui croise celui n° 1, recoupe aussi ce dernier a

150 pieds de la surface, dans le puits qui y a été foncé. A partir de cette rencontre, on a exécuté un travers-banc ouest perpendiculaire au filon n° 2, pour rechercher s'il y aurait d'autres filons dans les schistes.

Le filon n° 2 a été reconnu sur 900 pieds, il traverse la concession et a fourni, dit-on, 4.000 dollars d'argent. Le puits foncé sur ce filon a 30 pieds de profondeur.

Les travaux n'ont pas été poussés assez profondément sur le filon n° 3 pour pouvoir se rendre compte si ce filon aussi recoupait en profondeur le filon n° 1.

Le puits foncé sur le filon n° 3 a été commencé en 1887 et a été arrêté à la profondeur de 100 pieds. Peu de minerai a été tiré de ce filon.

L'usine de traitement des minerais n'a fonctionné que trois mois.

Le journal de la production de cette usine montre que, du 29 septembre 1886 au 30 novembre de la même année, il a été livré, en concentrés, pour 52.830 dollars d'argent. Les journées varient de 500 à 2.300 dollars.

Cependant le tas de minerai qui reste en haut du moulin montre presque exclusivement du stérile.

Les directeurs qui se sont succédé étaient, paraît-il, des mineurs n'ayant pas l'expérience du traitement des minerais; l'usine était mal dirigée.

§ 10. — **Cambrian Location** (23 juin). — La concession cambrienne est située au nord de Rabbit Mountain. Elle est formée de deux parties, 151 T et 152 T, ayant ensemble une superficie de 160 acres. Cette propriété appartient à M. Franck Keefer, avocat à Port-Arthur.

La concession a été demandée en 1886 dans un but de spéculation, c'est-à-dire sans qu'aucun indice de filons y ait été relevé, mais seulement parce qu'elle est située au voisinage de la mine Rabbit Mountain.

Le frère de l'avocat, M. F. Keefer, avait fait dresser à ses frais les plans de la concession qu'il sollicitait, et payé le *Purchase money*. La concession lui a été accordée ensuite.

La direction du filon découvert sur la Cambrienne n'est pas nettement connue. D'après M. Mac Phee, elle serait nord-est, sud-ouest.

Des échantillons auraient donné aux essais, de 70 à 96 dollars d'argent par *short ton*.

§ 11. — **Concession R 20** (23 juin). — La concession R 20 est située au sud-ouest de Rabbit Mountain. Elle appartient aussi à M. F. Keefer.

Les travaux ont été ouverts en 1894, après la fermeture de Rabbit Mountain.

La position de R 20 par rapport à cette mine avait fait espérer qu'on rencontrerait le même filon qu'elle; mais le filon travaillé est celui qui passe à la mine Beaver.

Un puits a 100 pieds de profondeur ; durant son fonçage, il a souvent quitté le filon. Ce dernier est dans les trapps depuis la surface jusqu'au fond du puits ; au-dessous, il se continue dans les schistes. Cela semble naturel car l'ouverture du puits est à environ 100 pieds au-dessus de la vallée de Rabbit Mountain où affleurent les schistes.

La partie du filon dont les trapps forment les épontes, n'a pas, en général, donné d'argent. On y a seulement trouvé quelques morceaux de blende argentifère. Il n'a été fait aucune expédition de minerai.

§ 12. — **Mine Beaver** (24 juin). — La mine Beaver est située dans la vallée du Poisson Blanc, à 5 milles au sud de la Kaministiquia.

La concession porte le n° 97 T de la commune d'O'Connor; elle comprend 160 acres de terrain minier et 2.200 acres de forêt qui ont fourni les bois nécessaires à l'exploitation de la mine.

La mine Beaver a été ouverte avant la construction du Port-Arthur Duluth and Western Railway auquel elle est maintenant reliée par une route du gouvernement. Cette route a 40 milles de longueur et aboutit à la station Stanley. La mine est à 11 milles du Canadian Pacific Railway ; c'est sur cette distance qu'il a fallu traîner dans le bois, au prix d'efforts considérables, toutes les pièces de l'usine de traitement des minerais.

Les travaux de recherches sur la mine ont primitivement consisté

14

en une galerie de niveau recoupée par un puits foncé au sommet de la colline. Plus tard, un sondage au diamant a été exécuté et poursuivi jusqu'à 1.500 pieds de la surface pour étudier la mine en profondeur. Le gardien de la mine M. Craig, a déclaré que le journal de ce sondage existait ainsi que la collection des carottes qui en ont été retirées. Mais il a l'ordre formel de ne rien communiquer à personne à ce sujet.

Le service des mines aurait bien voulu connaître les résultats de cet important sondage, mais la Compagnie de Beaver a refusé de les communiquer à moins que le gouvernement ne lui remboursât une partie du coût de ce travail.

Cependant M. Ahn a déclaré que le gardien lui avait montré confidentiellement la collection de carottes. Il a ainsi constaté que le sondage avait pénétré dans les silex, au-dessous des schistes, et y avait rencontré le minerai d'argent.

Le puits n° 1 s'arrête au premier niveau dans lequel, à 160 pieds plus loin, un puits intérieur a été foncé jusqu'à 350 pieds de la surface. Le puits n° 2, partant du jour, a une profondeur de 400 pieds.

Dans les travaux, on a souvent trouvé des blocs erratiques empâtés dans les schistes à deux ou trois pieds du filon.

Malgré une bonne ventilation, de fréquentes explosions et d'autres accidents dus à la présence du gaz naturel, se sont produits dans les chantiers à différentes époques.

Le registre des essais de l'usine indique, pour les teneurs des minerais en argent, des valeurs allant de 3 à 734 dollars par *short ton*.

Les minerais, dont la valeur dépassait 400 dollars par *short ton*, étaient triés à la main et vendus sans passer à l'usine. D'autre part, on ne concentrait pas les minerais dont la valeur n'atteignait pas 25 dollars par *short ton*.

La mine expédiait chaque jour, paraît-il, deux barils contenant chacun 1.100 *livres* de concentrés portant ensemble 2.000 à 3.000 onces d'argent.

La mine Beaver ne chômait que quelques jours en février et en mars, car il y avait toujours assez d'eau pour alimenter l'usine. De plus, les transports sur la route étaient possibles toute l'année.

§ **13.** — **Mine Badger** (24 juin). — La mine Badger est située à 26 $\frac{1}{2}$ milles au sud-ouest de Port-Arthur et à 2 milles à l'est du Port-Arthur Duluth and Western Railway. La concession est de 160 acres et couvre les n°ˢ 200 T et 201 T de la commune de Gillies.

La mine est fermée depuis 1892; elle est abandonnée sans gardien.

Les deux puits existants ont 80 et 360 pieds de profondeur.

Le filon donnait beaucoup d'eau; actuellement, les travaux sont inondés.

M. Craig a déclaré que le filon de Badger s'amincissait souvent en profondeur, ce qui nécessitait l'abatage des épontes formées de schistes. Il aurait vu sortir des travaux des blocs de minerai pesant de 2 à 3.000 livres et contenant 50 0/0 d'argent.

MM. Hay et Ahn ont acheté le matériel de l'usine et l'ont transporté à Rat Portage dans les établissements de la Reduction Works Company.

§ **14.** — **Mine West Beaver** (24 juin). — La mine West Beaver, connue auparavant sous le nom de Little Pig, est située à $\frac{3}{4}$ de mille à l'ouest de Beaver. La concession porte le n° 140 T de la commune d'O'Connor.

Cette mine a été concédée vers 1866, après la découverte du premier filon.

En 1866, on a tracé l'affleurement de ce filon et exécuté deux travers-bancs. Le deuxième filon a été découvert en 1893.

Le deuxième travers-banc a été exécuté en vue d'explorer le premier filon et de servir plus tard à son exploitation, mais il n'a pas rencontré ce filon. M. Mac Phee pense que cet insuccès est dû au trop grand rapprochement du travers-banc de la surface, au voisinage de laquelle les filons sont généralement tourmentés.

Dans cette mine, les filons ne sont pas minéralisés à la surface, mais il paraît qu'ils le sont en profondeur.

§ **15.** — **Elgin Mine** (25 juin). — La mine Elgin est située à $\frac{3}{4}$ de mille au nord de Beaver. La concession porte le n° 1 F de la commune de Paipoonge.

Le filon reconnu sur Elgin croise celui exploité à la mine Beaver.

Dans le puits, au niveau de 70 pieds, il y a une galerie d'avancement de 400 à 500 pieds de longueur. Au niveau de 142 pieds, la galerie a 300 pieds.

M. Craig possède des échantillons provenant d'Elgin ; ils sont riches en blende et en argent natif. Il a déclaré qu'en profondeur le bon minerai avait été rencontré.

§ 16. — **Silver Mountain West End** (26 juin). — La mine Silver Mountain West End, est située à 12 milles environ, à vol d'oiseau, au sud-ouest de Beaver. Cette concession comprend les nᵒˢ R 55, R 56 et R 57 de la commune de Lybster ; sa superficie est de 240 acres.

Le gardien, M. Lambshire, est un ancien mineur.

Les profondeurs des puits sont les suivantes :

1ᵉʳ puits, 200 pieds environ.
2ᵉ — 220 —
3ᵉ — 100 —

Du puits nᵒ 2 partent trois niveaux dont les allongements ont atteint jusqu'à 500 pieds.

Les déblais du puits nᵒ 1 donneraient, paraît-il, 68 onces d'argent par *short ton.*

Le filon nᵒ 1 a montré, vers l'est, de l'argent dès l'affleurement, tandis qu'à l'ouest on ne l'a trouvé qu'en profondeur. Ce filon s'élargirait en s'approfondissant. La blende claire qu'on y rencontre n'est pas argentifère, mais elle est corrélative de la présence de l'argent.

M. Lambshire a convenu avec nous que le filon, dans la galerie supérieure qui débouche à flanc de coteau, n'a pas un bon aspect. Il explique que, souvent, la tête des filons est mangée par des crevasses, et il affirme que le filon de Silver Mountain est riche en profondeur.

D'après le gardien, la petite rivière voisine de la mine débite assez d'eau pour alimenter une usine et, de plus, la Compagnie qui capte la Kaministiquia pourra distribuer de la force motrice à la mine.

§ 17. — **Concession F. 16** (26 juin). — La concession F 16, de la commune d'O'Connor, est située au nord de Beaver, à cheval sur la rivière du Poisson Blanc, très près du Port-Arthur Duluth and Western Railway; sa superficie est de 160 acres.

Les trois filons reconnus sur cette concession sont, dit-on, la suite de celui de Beaver.

§ **18.** — **Silver Islet** (5 juillet). — Le gardien actuel de la mine est un ancien ouvrier qui est au service de la Compagnie depuis vingt-six ans.

Les profondeurs des puits sont les suivantes :

1er puits, 40 pieds.
2e — 1.150 —
3e — 1.350 —

Le premier, seul, a été fait par la Montreal Mining Company.

On a foncé le troisième puits parce que le second n'était pas rectiligne, ce qui gênait l'extraction. Les puits sont de section rectangulaire; le deuxième a 8 pieds sur 10 pieds, et le troisième, 12 pieds sur 14 pieds. Ce dernier est divisé en deux compartiments affectés, l'un à l'extraction et l'autre à la circulation du personnel. Ce puits, qui n'a pas reçu son guidage sur toute sa hauteur, n'a pas été mis en service.

Il n'y avait qu'une pompe pour assurer l'épuisement; elle fonctionnait cinq à six heures par jour. Cette pompe avait des tuyaux de 16 pouces de diamètre.

On a trouvé des gaz combustibles dans les travaux de Silver Islet. Ces émissions abondantes de gaz étaient accompagnées d'eaux chargées de chlorures alcalins et terreux.

Silver Islet a produit un peu d'argent arsenical dont le gardien possède de beaux échantillons.

Le minerai était amené à l'usine établie sur le rivage, par un tramway posé sur un pont en bois.

Le directeur de la mine a été le capitaine Frue; c'est là qu'il aurait inventé l'appareil de concentration dont l'emploi s'est partout généralisé sous le nom de Frue Vanner.

CHAPITRE III

§ **19.** — **Cloud Lake.** — Le lundi 29 juin, à 9 heures du matin, nous avons quitté Port-Arthur sur un vapeur. Nous étions accompagnés par M. Hay et par un nommé Ambrose Cyrette, ancien chercheur de mines.

A midi, nous sommes arrivés à Cloud Bay qui est à 25 milles au sud-ouest de Port-Arthur.

Nous nous sommes rendus à l'aide du canot du vapeur chez un ancien prospecteur nommé Stretch qui, autrefois, avait guidé dans ces parages M. Mac Donald, alors représentant à Port-Arthur de la Banque de l'Ontario. Mais M. Stretch est âgé et souffrant et ne peut nous accompagner. En sortant de sa maison, nous nous dirigeons vers Cloud Lake; mais le chemin est si difficile que nous sommes réduits à nous arrêter à cinq heures du soir, à un campement de bûcherons pour y passer la nuit.

Le mardi 30 juin, nous sommes partis du campement à 6 heures du matin en nous dirigeant vers le sud-est pour sortir d'une sorte de rectangle de montagnes qui nous entourent. (Voir le croquis n° 2 de l'annexe n° 6 qui montre ce rectangle et le campement.)

Nous arrivons à midi au lac Cloud, qui est situé à l'angle nord-ouest de la commune de Crooks.

L'étape du lundi a été d'environ 4 $\frac{1}{2}$ milles, celle du mardi de 5 $\frac{1}{2}$ milles, ce qui fait onze milles environ pour la distance comprise entre le lac Cloud et la rive de Cloud-Bay, sur le lac Supérieur.

Contrairement aux promesses faites par M. Ahn, rien n'était prévu pour naviguer sur le lac.

Par hasard, nous avons découvert une barque abandonnée et en mauvais état. Le bordage et le fond de l'embarcation sont disjoints, et l'après-midi est employé à la remettre en état de flotter. Une couverture a été employée pour garnir les joints. Malgré ce travail, la barque prend encore beaucoup d'eau et ne peut, non sans risques, recevoir que deux voyageurs.

Le mercredi 1er juillet, nous partons du camp à 4 heures et demie du matin, et nous arrivons au filon B à 5 heures et demie (voir croquis n° 2, annexe n° 6). L'un de nous, parti avec l'embarcation en suivant le bord du lac pour voir le filon A, nous rejoint à 6 heures. (Le croquis n° 1 de l'annexe n° 6 donne un levé approximatif du lac effectué en barque.)

A propos du filon A, le guide expose qu'un nommé Paul Laplante en a fait la découverte il y a six ans environ ; celui-ci a prétendu y avoir trouvé de l'argent. Il ajoute qu'ayant lui-même visité depuis la même propriété, il n'a pas relevé de traces de ce métal.

M. Cyrette assure que le prolongement des filons B et C est visible de l'autre côté du lac. Lui ayant offert de nous transporter sur ces pointements, il déclare la chose impossible, l'état de la barque ne permettant pas d'effectuer en sécurité la traversée du lac, qui a environ 200 mètres.

Nous avons alors proposé d'atteindre l'endroit désigné en contournant à pied la rive du lac, mais alors le guide dit qu'on n'arriverait à destination qu'à la nuit close et que, par conséquent, on doit renoncer à l'examen proposé.

Près du filon B, on voit beaucoup de blocs de granit rose qui ont sans doute été amenés en cet endroit par des glaciers. Le guide pense que le filon est le plus riche de la région.

Le 2 juillet, nous partons du camp à 7 heures pour examiner l'affleurement D. Cyrette assure que ce filon traverse la vallée qui est au pied du massif de trapp, et qu'on peut le suivre sur l'autre versant, à 3 milles environ du point D. Il ajoute qu'il a une connaissance insuffisante de la région et que celle-ci est trop impraticable pour qu'il puisse nous faire vérifier son assertion.

Notre guide a visité la région du lac Cloud, il y a quatre ans, en cherchant des gisements pour son compte.

M. Hay dit qu'il n'est jamais venu dans cet endroit, et il manifeste son étonnement de voir que Cyrette ne puisse mieux remplir sa tâche de guide. Il convient que l'excursion en cours est peu satisfaisante, et croit que les terrains de la Banque de l'Ontario sont bien en dehors de la région parcourue. M. Hay ajoute qu'il a demandé à la Banque de nous faire accompagner par M. Mac Donald, qui a visité le pays il y a quelques années, mais qu'un refus a été opposé à cette demande.

Nous suivons ensuite l'affleurement du filon E, auquel notre guide attribue une puissance de 40 pieds. La direction, prise sur un pointement paraissant appartenir au filon, est nord-ouest-sud-est. Ce filon aurait été découvert par Cyrette il y a vingt ans, et vendu par lui, il y a cinq ans, à un nommé Shear qui le lui aurait payé 2.500 dollars.

Nous retournons à l'ancien campement des bûcherons et, pour y arriver, on traverse une plaine sur 2 kilomètres environ. Du campement au lac Cloud, il y a un parcours d'environ 5 milles.

Le 3 juillet, départ du camp vers 6 heures pour visiter le filon H. Notre guide prétend avoir découvert ce filon il y a quatre ans. Il est actuellement la propriété de M. John, de Port-Arthur. Quelques travaux de reconnaissance ont été exécutés en 1892.

Retour à la maison de Stretch à dix heures.

Contrairement à la promesse de M. Ahn, le vapeur n'est pas venu à Cloud Bay, de sorte que, malgré un temps peu favorable, le retour à Port-Arthur doit se faire en barque.

Nous quittons la maison de Stretch à 1 heure 1/2, mais un vent contraire assez violent nous oblige à relâcher à 3 heures 3/4, à 6 milles seulement de notre point de départ. Le vent ayant continué à souffler, nous avons dû camper au bord du Lac Supérieur sur les terrains de la concession Prince.

§ 20. — **Première excursion au Loch Lhomond.** — Le départ du campement s'est effectué en barque le 4 juillet à 5 heures du matin.

La côte a été suivie en allant vers le nord jusqu'à l'embouchure de la rivière de la Carpe dans le Lac Supérieur.

De là, un sentier conduit au Loch Lhomond qui, en ce point, est éloigné de 2 milles environ du Lac Supérieur. Son niveau est à 150 pieds au-dessus de celui-ci.

Le Loch Lhomond est situé dans la commune de Blake, à 15 milles au sud-ouest de Port-Arthur.

Il y a trois semaines que Cyrette est venu visiter cette région. Il expose que le filon K (voir le croquis n° 3 à l'annexe n° 6) a été découvert par lui il y a cinq ans. Ce filon aurait une puissance de 8 pieds et une direction nord-ouest-sud-est. Il se prolongerait vers le nord-ouest, au delà du Loch Lhomond, sur les terrains de la Banque de l'Ontario qui, cependant, ne l'y a pas reconnu.

Au sud-est, le filon s'étendrait sur une bande de terrain d'un quart de mille située sur la réserve indienne à la limite nord-ouest de celle-ci. Cyrette aurait formé une *application* pour ce terrain il y a trois semaines. Il prétend que, plus loin, vers l'est, le même filon doit se trouver sur les terrains de la Banque, mais la plus grande partie en serait sur la réserve indienne.

D'après notre guide, le premier propriétaire de l'ensemble des terrains de la Banque serait un nommé Hollowey; celui-ci les aurait vendus à M. Dawson qui a exploité une partie des bois et a revendu les terrains il y a environ quinze ans, à M. Carpenter pour le prix de 70.000 dollars. A son tour, le nouvel acquéreur a exploité les bois et, ne pouvant rembourser les emprunts qu'il avait contractés, ses propriétés ont été vendues pour 70.000 dollars environ. Cyrette ajoute qu'il existe sur les terrains de la Banque d'autres traces de filons que celles qu'il nous a montrées, mais il n'en connaît pas assez bien la position pour nous y conduire.

Notre guide expose que si la Banque l'avait envoyé au préalable, comme cela se pratique en général dans ce cas, en le payant 5 dollars par jour, il aurait trouvé les filons et nous aurait guidés sur notre parcours. Mais la Banque n'a jamais rien voulu faire de semblable. C'est ce qui explique que les filons qu'il nous a montrés sont presque tous en dehors des terrains de la Banque où ils n'ont jamais été reconnus.

Le 4 juillet, nous sommes rentrés à Port-Arthur, vers 3 heures de l'après-midi.

§ 21. — Deuxième excursion au Loch Lhomond. — Le vendredi 17 juillet, nous partons à 8 heures du matin, sur un vapeur. Nous

15

sommes accompagnés par MM. Hay et Nelson et aussi par un nouveau guide nommé King.

A 11 heures, nous sommes rendus au Loch Lhomond. Là, le guide déclare qu'aucune partie de la région n'a été moins explorée que celle où nous nous trouvons. Cette fâcheuse situation provient de ce que la Banque n'a jamais consenti à dépenser d'argent pour envoyer les chercheurs de gisements sur ses propriétés.

Le guide King ignorait complètement la position des filons; il a cherché à en trouver des traces sur les bords du Lac sans y réussir. Bref, il en connaissait encore moins que le précédent guide, Cyrette.

M. Nelson nous déclare, contrairement à ce que nous a dit M. Hay, qu'au nord-est de la commune de Blake, la limite des terrains de la Banque est formée par la rivière de la Carpe et non par la réserve indienne. La carte serait donc exacte sur ce point.

Nous faisons remarquer à M. Nelson cette contradiction. Il dit alors qu'il n'est pas certain de ce qu'il a avancé et qu'il verra, par comparaison avec sa carte, si la nôtre est exacte. Plus tard, il déclare devant M. Hay que les terrains de la Banque sont réellement limités par la réserve indienne.

CHAPITRE IV

§ 22. — **Mikado.** — Le 6 juillet, à Rat Portage, M. Hay nous dit qu'à la mine Mikado, on a seulement découvert les affleurements. Les premiers coups de mine ont été faits devant le colonel Engledue pour prélever des échantillons.

Le colonel vient d'écrire à M. Hay que ces échantillons qu'il a fait analyser à Toronto, ont donné 0, 1, 2, 6 et 10 onces d'or et 0, 2, 3 et 4 onces d'argent par *short ton*. M. Hay ajoute que l'achat de la concession Mikado va être proposé par le colonel Engledue à sa Compagnie.

§ 23. — Dominion Gold Mining and Reduction Company.

(6 juillet). — La Dominion Gold Mining and Reduction Company a son siège à Rat Portage. L'usine est à un mille de la ville.

La Compagnie a été fondée au capital de 200.000 livres sterling. En dehors de l'usine de réduction, la Compagnie possède aussi des mines.

Le capital n'ayant pas été entièrement souscrit, la Société vend des actions pour assurer la marche de l'usine et des mines.

L'usine a été installée par les constructeurs Fraser Chalmers, de Chicago. On y voit deux chaudières, une machine à vapeur de 75 chevaux et une pompe.

Le minerai arrive à l'usine, soit par chemin de fer, soit par bateau.

Un plan incliné monte les minerais à deux broyeurs à mâchoires. Le minerai concassé est conduit, à l'aide d'une noria, à 4 trémies où il est emmagasiné.

Pour permettre l'échantillonnage du lot, il y a un matériel qui comprend un broyeur à cylindres et un petit bocard.

On a disposé à l'intérieur du bâtiment un grand réservoir en bois pour tenir l'eau à l'abri de la gelée pendant l'hiver.

L'usine de traitement proprement dite comprend quatre batteries de chacune cinq bocards alimentés automatiquement. A chaque bocard, il y a du mercure dans la cuve et trois plaques d'amalgamation latérales. En avant de chaque batterie se trouve une table d'amalgamation de cinq pieds de largeur sur dix pieds de longueur.

Les minerais sortant des tables vont aux *vanners* qui sont au nombre de cinq en fonctionnement; deux sont en montage. Ces derniers viennent de la maison Krupp d'Essen ; ils donnent une nappe de minerai de 0^m,40 de largeur; leur pente est transversale. Les cinq autres *vanners :* deux du système Krupp, un du système Frue et deux dits du Colorado. Ces derniers donnent les secousses dans le sens de la longueur.

La construction d'un four destiné à sécher et à griller les concentrés a été commencée, mais suspendue faute de capitaux. Ce four, à sole plate, est de capacité suffisante pour traiter, nous a-t-on dit, tous les concentrés du district.

Il y a un autre four plus petit pour griller le minerai provenant des mines de la Compagnie.

On se propose de mettre du sel dans ces fours pour chlorurer le minerai qui ira ensuite aux cuves de lixiviation. Ces dernières sont au nombre de onze ; six sont d'un modèle récent et cinq d'un modèle plus ancien et plus grand.

Il y a aussi un laboratoire d'essai.

Cette usine qui, d'après M. Ahn, est la plus importante du Canada, a été construite en 1892, parce que la ville de Rat Portage avait promis une prime aux constructeurs. Ceux-ci ont touché la prime et sont partis du pays aussitôt.

L'usine a marché deux mois seulement ; en réalité elle n'a pas pu travailler utilement.

Les constructeurs avaient emprunté sur l'établissement ; les prêteurs n'étant pas remboursés, les ont exécutés et ont acheté l'usine.

En 1893, M. Hay a racheté cette propriété et en a fait apport à une Société anonyme qu'il a fondée. La Société a acheté des mines et a reconstruit l'usine ; celle-ci a été terminée en novembre 1895, et a traité jusqu'à juillet 1896 environ 500 tonnes de minerai. Cette Société cherche à augmenter son fonds de roulement pour parvenir à une marche normale. On espère traiter dans cette usine, en outre des minerais et des concentrés de diverses provenances.

Si l'usine dont il vient d'être parlé avait fonctionné en 1893, M. Ahn croit que la mine Sultana n'aurait pas installé ses bocards et n'établirait pas en ce moment une usine de chloruration. Elle aurait envoyé des minerais à l'usine de la Reduction Works Company.

§ 23. — **Sultana** (6 juillet). — La mine Sultana est à 8 milles au sud-ouest de Rat Portage sur le Lac des Bois. Elle comprend les concessions X 42, X 43 et B 38. Le croquis qui suit montre sa position ainsi que celle des mines dont il va être parlé.

L'or a été trouvé aux affleurements du filon qui a été tracé à la surface. Ce filon traverse la propriété du nord au sud et se continue sur des terrains situés au sud de Sultana ; ces terrains appartiennent à un Canadien et ne sont pas exploités.

Le puits de Sultana a une profondeur de 284 pieds ; il dessert quatre étages de galeries, aux profondeurs de 40 pieds, 130 pieds, 200 pieds et 280 pieds.

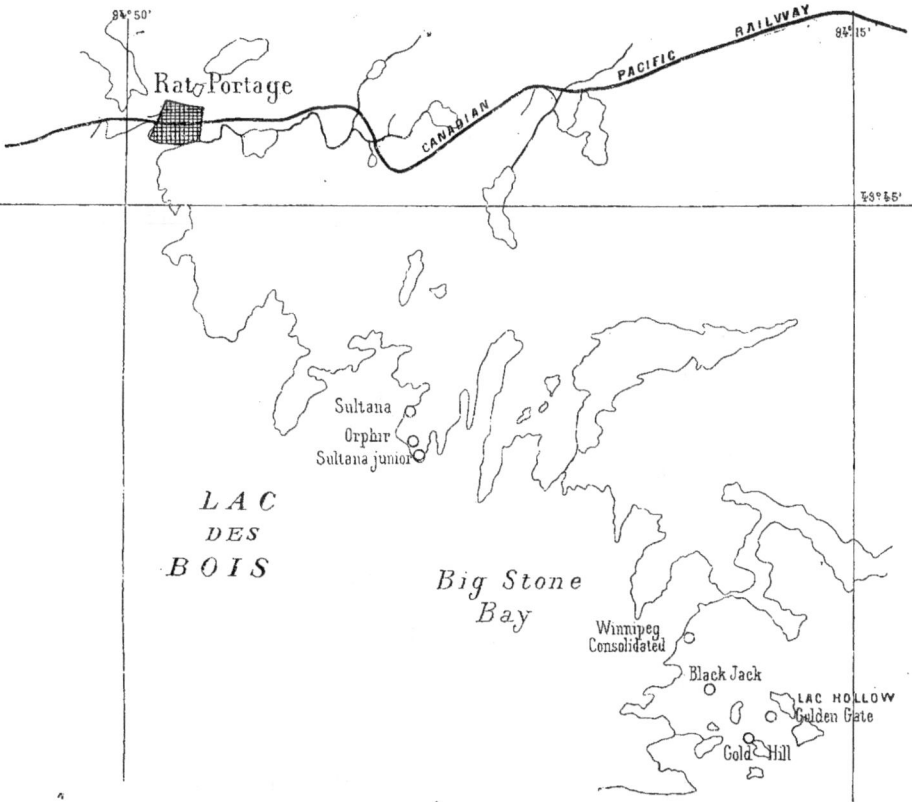

A l'affleurement, le filon a une puissance de 30 pieds ; au troisième niveau, il a 60 pieds et au quatrième, 12 pieds seulement auprès du puits ; mais la galerie du niveau a retrouvé un peu plus loin la puissance de 60 pieds.

Les galeries d'avancement sont poussées jusqu'à 100 pieds au sud-ouest du puits ; elles ont quelques pieds seulement au nord-est.

L'extraction est de 75 *short tons* de minerai par jour.

L'usine traite 25 *short tons* de minerai par jour ; on va l'augmenter de 10 bocards.

Les concentrés contiennent, en général, une valeur de 50 dollars d'or par *short ton*, mais la teneur est très variable. Les *tailings* retiennent moyennement pour 40 cents d'or par *short ton*.

On a quelquefois trouvé des pépites dans le quartz amené à l'usine. L'or de Sultana serait à 0,800 de fin.

Le directeur dit qu'il est impossible d'apprécier à la vue la richesse du minerai ; il n'y a que le traitement à l'usine qui puisse renseigner sur ce point.

La mine n'expédie que les concentrés dont la valeur est d'au moins 100 dollars la tonne de 2.000 livres. Le transport de Rat Portage à New-Jersey par le Canadian Pacific Railway coûte 18 dollars la *short ton*. Le fondeur prend 20 dollars par *short ton* pour la réduction du minerai.

Les concentrés de valeur inférieure à 100 dollars sont conservés pour être soumis à la chloruration. On installe actuellement à l'usine de Sultana le procédé dit *Rapid chloruration* inventé par M. John Rothwell.

Ce procédé consiste à chlorurer au gaz et à précipiter le chlorure d'or de sa solution faible par l'acide sulfureux et l'acide sulfhydrique. C'est M. Garnett Rothwell, chimiste à Sultana et frère de l'inventeur, qui s'occupe d'installer le nouveau matériel.

L'exploitation de la mine et de l'usine est fort bien dirigée par M. Hunter, qui donne aux travaux préparatoires un grand développement.

§ 24. — **Ophir** (6 juillet). — La mine Ophir est située à 50 *chains* au sud-est de Sultana. Cette concession a été accordée en 1890 à M. Mickeen de Winnipeg.

Le filon a donné beaucoup d'échantillons contenant de l'or libre.

Le directeur de Sultana croit que le minerai d'Ophir est plus riche que celui de sa mine.

Les travaux sont arrêtés parce que les propriétaires ne peuvent se résoudre ni à exploiter ni à vendre.

§ 25. — **Sultana Junior** (6 juillet). — La mine Sultana Junior est au sud de la mine Ophir, au bord du lac des Bois. Elle est fermée depuis 1893 et vient d'être achetée par la Dominion Gold Mining and Reduction Company.

M. Hay assure qu'il y a du beau quartz à la profondeur de 40 pieds. Les essais de ce quartz ont donné 11 *penny weights* par *short ton*.

Tout le minerai extrait a été transporté et traité à l'usine de la Reduction Works à Rat Portage. C'est ce qui explique l'absence de minerai sur le carreau de la mine.

M. Hay ajoute que le filon atteint en profondeur la puissance de 100 pieds. Le puits a 400 pieds.

§ 26. — **Winnipeg Consolidated** (7 juillet). — Nous n'avons fait que traverser la mine Winnipeg Consolidated en allant à la mine Black Jack.

La mine Winnipeg est située sur la baie Big Stone, du lac des Bois. Cette mine est abandonnée.

Le filon avait un pendage variant de 65° sud, à la surface, à 45° à 80 pieds de profondeur ; ce pendage reprend l'inclinaison de 65° à la profondeur de 90 pieds.

La puissance du filon variait de 2 à 24 pouces. Le remplissage se compose de quartz portant peu d'or libre, des pyrites de fer et de cuivre, du mispickel, de la blende, de la galène et une petite quantité de calcite.

Une usine, actuellement en ruines, comportait 5 bocards.

§ 27. — **Black Jack** (7 juillet). — La mine Black Jack est située au sud-est de Big Stone Bay. On s'y rend par un sentier qui part du dock de la mine Winnipeg Consolidated.

M. Ahn dit que les minerais de Black Jack sont riches, mais qu'au lieu de les traiter au bocard, on les a passés dans des appareils Crawford. On n'a pu, pour ce motif, réussir à tirer l'or des minerais qui seraient arsenicaux.

La réunion des filons qui se voient à la surface se fait, paraît-il, à la profondeur de 300 pieds.

Le filon n° 2 a été suivi à l'affleurement sur une distance 1 1/2 mille vers l'ouest. Ce filon, en sortant de la concession, entre dans la voisine qui appartient à la même Compagnie. Aucun puits de recherches n'a été fait sur ce filon.

Du puits foncé sur le filon n° 1, à 80 pieds de profondeur, on a fait un travers-banc qui a recoupé le filon n° 2. A cette profondeur, ce filon ne donne presque plus de schistes, mais présente 20 pieds de quartz.

Le puits du filon n° 1 a 100 pieds. On en a tiré pour 15.000 dollars d'or.

Le tas de déblais contient presque exclusivement des schistes ; M. Hay nous assure qu'en profondeur ceux-ci se changent en quartz. Il ajoute que tout le quartz qu'on a tiré de Black Jack a été conduit à la Reduction Works.

§ 28. — **Gold Hill** (7 juillet). — La mine Gold Hill est située à 12 milles au sud-est de Rat Portage.

Les trois puits foncés sur cette concession ont 20 pieds, 60 pieds et 80 pieds de profondeur. Deux de ces puits auraient donné des quartz à or libre. On a trouvé dans la mine de riches pépites d'or.

A l'automne de 1895, on a exécuté sur le filon Pebble, une tranchée d'où on a tiré du minerai à 20 dollars la *short ton*. Ce filon a été tracé sur plus d'un mille.

Le propriétaire de la concession a fait foncer un puits de 50 pieds sur le filon n° 2, puis a installé une usine de 10 bocards. Cette usine sert actuellement à essayer les minerais de Gold Hill et des mines voisines.

Aux essais, le minerai de Gold Hill donne moyennement 20 dollars par *short ton*. L'or de cette mine serait à 0,800 de fin.

Le prix de revient de la tonne de 2.000 livres de minerai serait de 6 dollars. Ce prix comprendrait tous les frais généraux et l'amortissement.

M. Ahn dit que les trois mines : Sultana Junior, Black Jack et Gold Hill, qui appartiennent maintenant à la Dominion Gold Mining and Reduction Company, forment ensemble une superficie de 1.200 acres sur laquelle on a reconnu 28 filons.

MM. Hay et Ahn ont d'autres propriétés dans le voisinage et vont encore acquérir 1.000 acres sur lesquels il y a de beaux filons dont l'un est au contact des schistes huroniens et du granit.

§ **29.** — **Golden Gate** (7 juillet). — La mine Golden Gate est située à 2 milles 1/2 à l'est de Gold Hill.

Une veinule a été attaquée à ciel ouvert; 40 tonnes de minerai provenant de ce chantier ont donné, à l'usine, 2 onces d'or par *short ton.*

Le minerai du filon principal aurait une valeur de 15 dollars la *short ton.*

Un autre filon fournit du minerai qui, aux essais, donne de 1 à 4 dollars d'or par *short ton.* Ce filon a été découvert par le directeur de la mine qui assure qu'il traverse le granit. Il y aurait, sur la concession, deux autres filons entre le précédent et le lac Hollow.

§ **30.** — **Bath Island** (8 juillet). — La mine Bath Island est située sur le lac des Bois, à 20 milles environ au sud de Rat Portage.

M. Hay s'est rendu, le 7 juillet 1896, acquéreur du tiers de cette propriété. Déjà en 1895, il avait voulu traiter cette acquisition, mais il avait dû y renoncer à cause des exigences des propriétaires.

Les deux autres tiers appartiennent à des habitants de Winnipeg et de Rat Portage qui sont d'accord avec M. Hay pour vendre leur concession.

M. Hay dit que dans Bath Island il y aurait deux filons parallèles à ceux reconnus. Aucun travail n'a encore été exécuté dans la concession.

CHAPITRE V

§ **31.** — **Fort Frances.** — Partis le 8 juillet à 8 heures du soir de Rat Portage sur le vapeur *Edna Brydges*, nous sommes arrivés le lendemain soir vers 9 heures à Fort Frances. Cette dernière ville est à 160 milles au sud-est de Rat Portage, sur la rive droite de la Rivière Rainy, à sa sortie du lac du même nom. A cet endroit, la rivière fait une chute de 6 mètres de hauteur.

Le 10 juillet, nous avons visité M. C. J. Hollands, agent, à Fort Frances, des domaines de la Couronne. Il nous a exposé que, bien que tout le pays soit maintenant concédé, il n'y a que deux mines en exploitation. Ce sont les mines Foley et Fergusson.

Les autres concessionnaires manquent d'argent pour faire exécuter les travaux préparatoires sur leurs propriétés.

M. Hollands est l'auteur d'une carte du district de la Rivière Seine en 1896 ; il nous en remet un exemplaire.

M. Slaght, inspecteur des mines, qui vient de visiter la région de la Rivière Seine, affirme que tous les affleurements des filons de cette contrée montrent de l'or.

§ **32.** — **De Fort Frances à Mine Centre.** — En remontant la Rivière Seine, on voit sur la rive américaine, en face de Seine Point, la mine Lyell. Sur cette mine, il a été installé des bocards qui ont fonctionné trois jours. Le minerai était réfractaire.

Sur la même rive, à 3 milles plus loin vers l'est, se trouve la mine Little American. Les travaux qui y avaient été suspendus, viennent d'être repris en vue de faire des recherches. Le directeur de cette mine était M. Whiteley, actuellement directeur de la mine Fergusson.

A Mine Centre, nous avons entretenu M. Mac Innes, du *Geological Survey*, qui est envoyé pour compléter et rectifier les cartes de la région. Il nous a dit que peu de concessionnaires font des travaux

de reconnaissance et que peu de nouvelles concessions sont demandées, la contrée reconnue minéralisée étant déjà entièrement concédée.
Beaucoup de filons sont reconnus sur une grande longueur, et les concessionnaires prétendent que toute la matière de remplissage peut être
avantageusement traitée.

§ 33. — **Hillyer** (11 juillet). — La mine Hillyer est située à 2 milles
environ au nord-est de Shoal Lake, élargissement de la Rivière Seine.
Cette mine est fermée par suite d'un procès pendant entre les propriétaires. Ceux-ci sont des États-Unis.

M. Whiteley dit que la mine Hillyer est très bonne et qu'à 30 pieds
de profondeur, on trouve du bon minerai.

§ 34. — **Fergusson** (11 juillet). — La mine Fergusson est située à 4 milles au nord de Mine Centre et à 1 mille au sud du Lac
Bad Vermillon. On s'y rend de Mine Centre par la route du gouvernement. Cette mine est à 170 pieds au-dessus du lac Shoal et à 158
pieds au-dessus du Lac Bad Vermillon.

La superficie totale des cinq concessions qui composent la mine
Fergusson est de 200 acres.

Le filon désigné sous le nom de *Government* contient beaucoup d'or
libre. Le minerai a donné 15 à 16 penny weights par *short ton*.

M. Whiteley, directeur de la mine, pense que les schistes qui man-
gent le filon sont le résultat d'une décomposition accidentelle de la
roche encaissante et qu'ils doivent disparaître en profondeur, pour
faire place au quartz.

Le puits foncé sur le filon Daisy a 50 pieds de profondeur; au fond
de ce puits, le filon avait 15 pouces de puissance. Le fonçage du
puits a été arrêté et un niveau à flanc de coteau a été ouvert. Le
minerai donne de l'or libre, qui quelquefois est visible. On va ouvrir
un travers-banc au mur de Daisy pour recouper d'autres filons.

Au sud-est. on rencontre la Big Vein, sur laquelle on a foncé un
puits de 25 pieds; ce puits est noyé.

Dans la même direction, le filon Fine Vein a 2 1/2 pieds à la
surface et 6 pieds au fond d'un puits de 21 pieds.

Au nord-est, il y a 2 filons qui n'ont pas encore fait l'objet de travaux.

En général, l'or de ces divers filons est à gros grains.

M. Whiteley nous a montré les plans de la mine et des échantillons de minerai.

Les travaux sont conduits avec économie et avec prudence. Les travaux préparatoires de l'exploitation ont été commencés en février 1896, avec trois ou quatre hommes seulement.

§ 35. — **Randolph** (11 juillet). — La mine Randolph est au nord de Fergusson. M. Randolph nous a montré de beaux spécimens de quartz aurifère.

§ 36. — **Weigand** (11 juillet). — La mine Weigand est située à 2 1/2 milles environ au sud-ouest de la mine Fergusson. Nous sommes guidés sur cette concession par M. Edward C. Hall, ingénieur des mines.

Le premier puits, qui est dans le sable, a rencontré le minerai par places.

Le puits de 5 pieds a donné du minerai pyriteux qui a nécessité un grillage préalable pour donner un résultat à la battée. Il en est de même au puits de 6 pieds foncé sur la concession AL 105.

Les affleurements auraient, paraît-il, donné de l'or à la battée.

Au nord, il y a une mince veinule au contact des conglomérats verts et des granits chloriteux.

Le filon principal, lui-même, va se terminer contre les conglomérats verts. Ce filon donne des quartz avec or visible.

A l'ouest, il y a un filon de quartz dans les schistes. Celui-ci donne naissance a un filon secondaire où M. Hall dit avoir trouvé de belles pépites.

§ 37. — **Foley** (10 juillet). — La mine Foley est située à 198 milles au sud-est de Rat Portage, au bord du lac Shoal, qui est un élargissement de la Rivière Seine. Le directeur de la mine est M. Flaherty.

Le puits n° 5 a son ouverture à 132 pieds au-dessus du niveau du lac. Il a une profondeur de 113 pieds; le niveau amorcé au fond du puits est inondé.

Le filon sur lequel ce puits est foncé a 3 pieds de puissance à la surface et 1 pouce au niveau inférieur. Ce filon est au mur et donne naissance en profondeur à un filon secondaire dans le toit.

La distance entre le puits n° 5 et le puits suivant est de 1.270 pieds.

Le puits du nord a son orifice à 117 pieds au-dessus du lac.

Le filon nord a 5 pieds de puissance à la profondeur de 200 pieds. On tire des travaux 2 barils d'eau par jour.

Des niveaux sont ouverts à 122, 150 et 200 pieds; le puits a 210 pieds. La longueur des galeries, dans chacun des niveaux, est respectivement 33, 100 et 75 pieds.

Le minerai, essayé à chaque pied, a donné, paraît-il, en moyenne, 23 dollars par *short ton*. Le quartz est blanc, rose ou rouillé, il contient de l'or libre et quelquefois visible.

Il existe dans la concession deux autres filons sur lesquels on a foncé des puits qui ont 31 et 33 pieds de profondeur; ces puits ont donné du minerai réfractaire.

La mine a déjà produit 350 *short tons* de minerai qui sont en réserve.

On doit installer prochainement une usine de vingt bocards pour traiter le minerai.

Le 11 juillet, le colonel Ray, de Port-Arthur, l'un des propriétaires de la mine avant M. Foley, que nous rencontrons en allant de Mine Centre à Fort Frances, déclare que la concession renferme treize filons. Il pense que c'est une faute d'avoir placé les puits sur des filons secondaires. Il ajoute que, vers l'ouest, il y a un beau filon de 3 pieds 1/2 qu'il a fait découvrir, et s'étonne que M. Foley n'y ait pas fait foncer de puits.

M. Ray vient de céder à M. Foley les 40 acres formant la concession AL 76, qu'il s'était réservée lorsque ses associés ont vendu les deux autres concessions à M. Foley. Ce terrain formait sa part de trois huitièmes dans l'association des premiers propriétaires. D'après M. Ray, M. Foley aurait payé, pour ces trois concessions, la somme de 28.000 dollars.

M. Mac Innes pense que les puits ont été foncés, à la mine Foley, sur les filons secondaires parce qu'on ne connaissait pas encore le filon principal.

Il nous dit aussi que les filons de la région sont dans un massif de gabbro allant du lac Bad-Vermillon au lac Shoal. Toutefois, la mine Randolph fait exception et se trouve dans des alternances de gabbro et de schistes verts.

Le 11 juillet, nous rencontrons M. Foley à Fort Frances. Il nous déclare qu'il a reconnu quinze filons sur sa concession. Il n'en fait travailler que deux.

M. Foley aurait commencé à exercer son option en octobre 1895, et affirme qu'en vingt-neuf jours il a fait foncer 50 pieds dans le puits nord. Il dit qu'au Canada on n'a jamais fait aussi vite un pareil travail. Il estime que les travaux qu'il a fait exécuter ont mis en vue 15.000 tonnes de minerai.

L'or, d'après M. Foley, est libre et distribué dans toute la masse du filon. Il va augmenter le nombre de ses ouvriers et faire installer une usine de vingt bocards.

Au puits nord, on va ouvrir une galerie en direction qui aura 331 pieds et ira rejoindre le filon principal. M. Foley croit que les terrains sont suffisamment compacts pour n'avoir pas à redouter la venue des eaux. Il pense que les filons se réunissent en profondeur.

Le quartz rose a, paraît-il, donné aux essais 75 dollars par *short ton*.

La concession a été achetée 40.000 dollars; elle n'a pas été payée au comptant. Il a fallu, en outre, 145.000 dollars pour outiller la mine.

M. Foley compte que la mine sera bientôt en état d'extraire 100 *short tons* de minerai par jour. Il espère que l'usine pourra traiter 60 *short tons* par jour et que ce minerai aura une valeur moyenne de 30 dollars par *short ton*.

ANNEXE N° 6

CONSTATATIONS

Dans l'annexe n° 6, nous présentons les observations que nous avons pu faire sur les mines que nous avons visitées.

Nous y avons inscrit principalement : l'allure, la constitution des filons et les installations créées pour l'exploitation. Nous y présentons, en outre, une description détaillée des échantillons que nous avons recueillis et le résultat des dosages effectués, sur notre demande, par M. Arbeltier, chimiste, sur quelques-uns de ces minerais.

A propos de ces analyses, nous devons avertir qu'elles ne peuvent servir de base à l'appréciation de la valeur des gisements. La plupart des échantillons ont été, en effet, prélevés à la surface ou sur des déblais, et ne sauraient fournir d'indications certaines sur cette valeur. Ils peuvent seulement donner une idée de la teneur des minerais et servir, en quelque mesure, de contrôle aux chiffres qui nous ont été fournis.

Cette annexe est divisée en quatre chapitres :

CHAPITRE I. — District argentifère de la Baie du Tonnerre.

CHAPITRE II. — Terrains de la Banque de l'Ontario.

CHAPITRE III. — District aurifère du Lac des Bois.

CHAPITRE IV. — District aurifère de la Rivière Seine.

Chaque chapitre comportera, naturellement, un paragraphe distinct pour chacun des gisements que nous avons visités.

CHAPITRE PREMIER

DISTRICT ARGENTIFÈRE DE LA BAIE DU TONNERRE

§ 1. — **Mine 3 A**. — A 200 mètres au nord du rivage du Lac, se trouve une falaise de diabase. Au pied de celle-ci, on a foncé un puits. Celui-ci, qui est inondé, montre à sa partie supérieure un filon sans salbandes, dans les schistes.

Sur le tas de déblais, on voit en abondance : du quartz améthyste mêlé aux schistes noirs de l'Animikie qui constituent la roche prédominante du pays. Ce quartz est très dur et bien cristallisé ; les schistes sont noirs, tendres, à grain fin et facilement clivables. Il y a, en outre, quelques rares mouchetures de pyrite de fer, un peu de blende jaune clair bien cristallisée, très peu de calcite blanche, cristallisée en gros éléments, à cassure nette et le plus souvent effritée. Dans ces minerais du tas, nous n'avons pas trouvé de traces d'argent.

§ 2. — **Concession Dispear**. — La concession Dispear est traversée par un filon de direction sud 60° ouest.

Sur celui-ci, on a foncé un puits de reconnaissance.

Le remplissage est formé de blende et de pyrite de fer dans une gangue de quartz et de calcite.

§ 3. — **Mine Rabbit Mountain**. — L'ancienne exploitation de Rabbit Mountain se trouve dans une vallée située entre deux *bluffs* composés de schistes et surmontés de trapps (porphyre quartzifère). Ces derniers sont verts, à grain très fin, à éléments nettement cristallins, à cassure irrégulière et d'une grande dureté.

A l'ouest, un dyke de diabase traverse les schistes et les 45 pieds de trapps qui les surmontent.

Les filons sont dans une faille qui présente un rejet abaissant les trapps, à l'est, jusqu'au niveau de la vallée.

Le filon n° 1 est dirigé nord-est-sud-ouest; son pendage est de 15° sur la verticale au sud-est; sa puissance varie de 6 à 8 pieds; son mur est formé de trapps et son toit de schistes.

Il était exploité par un puits actuellement inondé et par un travers-banc qui aurait été ouvert à 200 mètres au nord de ce puits.

Les affleurements sont des veinules de quartz injectées dans les trappes.

Le remplissage se compose de blende brun foncé, de galène, toutes deux nettement clivées, et d'argyrose en petites masses ou en feuilles interposées dans les clivages des cristaux de calcite.

La gangue se compose de schistes noirs, durs, à grain très fin, de quartz, de calcite et de spath fluor.

Les installations extérieures de ce siège d'exploitation comprennent :

1 treuil à vapeur;

1 chaudière à retour de flammes;

Des perforatrices et des débris de pompe.

Tous ces appareils sont en très mauvais état.

Le filon n° 2 est dirigé nord-ouest-sud-est; il recoupe le premier au sud-ouest du puits. Son pendage est de 15° sur la verticale au sud-ouest. Ce pendage, en sens contraire de celui du premier filon, semble indiquer une rencontre de ces deux gisements en profondeur.

Le filon n° 2 a une puissance de 5 pieds. Ce filon est dans les trapps, mais à 20 pieds de profondeur, il reprend son pendage normal que la pression des trapps a inversé à la surface, comme le montre le croquis ci-dessous.

Au nord, le filon rentre dans le *bluff*.

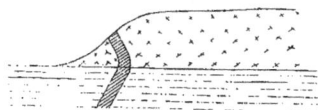

On a foncé sur ce filon le puits n° 2. Le remplissage est formé de calcite cristallisée en petits éléments portant de petites feuilles d'argyrose et de la blende noire en gros cristaux. La calcite est plus abondante que dans le filon n° 1.

A 300 *yards* au nord-est du puits n° 2, sur le flanc nord, et au pied du *bluff*, affleure un autre filon.

Celui-ci est parallèle au filon n° 1 et à 4 pieds d'ouverture. On a fait, sur ces affleurements, une petite fouille qui montre du minerai analogue à celui des filons précédents.

Le filon n° 3 est parallèle au n° 1, mais a le même pendage que le n° 2. On peut donc espérer que, comme ce dernier, il rencontrera le n° 1 en profondeur. Le filon n° 3 a une puissance de 5 pieds ; il est dans les trapps. On y a foncé un puits qui se trouve sur la concession Beaver ; il est maintenant inondé.

Le tas de déblais montre de gros cristaux de spath d'Islande légèrement violacé, du spath fluor vert en masses irrégulièrement cristallisées et de beaux échantillons de quartz blanc et améthyste. Comme minerai, nous n'avons vu qu'un peu de pyrite de fer en petits cristaux. Nous avons fait analyser un échantillon prélevé sur le tas de *tailings* provenant des *pans;* il a donné la teneur élevée de 124 grammes d'argent par 1.000 kilogrammes.

Les coupes suivantes indiquent la situation respective des filons et l'emplacement du dyke.

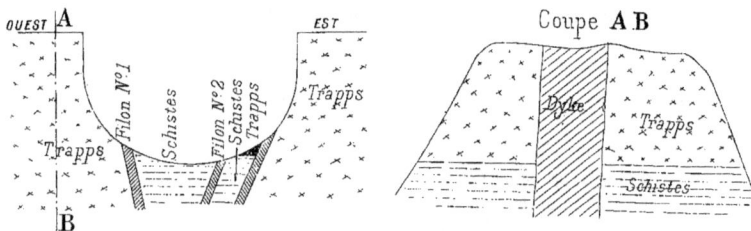

§ 4. — **Cambrian Location.** — La concession cambrienne renferme un filon sur lequel on a ouvert un chantier de reconnaissance. Ce filon, dont on ne voit qu'un pointement, a une puissance de 4 à 5 pieds. Les 3 pieds du milieu sont remplis par une masse intrusive de schistes noirs, tendres, à grain fin.

Le reste du remplissage est formé de blende brun foncé et de galène nettement cristallisées dans la calcite.

Celle-ci est rosée, cristallisée en gros éléments et montre de l'argyrose en feuilles entre les clivages. La gangue comprend, en outre, du quartz et du spath fluor.

§ 5. — **Concession R 20.** — Le filon qui se trouve dans la concession R. 20 est dirigé nord-ouest-sud-est; il pend légèrement au nord-est, et à 6 pieds de puissance.

Les trapps forment la roche encaissante.

L'aspect du tas de déblais montre qu'en profondeur on a dû trouver les schistes.

Le remplissage se compose de pyrite de fer, cristallisée en petits éléments, et de blende brun foncé bien clivable. La gangue est formée de calcite blanche, cristallisée en gros éléments et de quartz améthyste bien cristallisé dans les géodes des épontes.

§ 6. — **Mine Beaver.** — Le filon du nord de la mine Beaver affleure dans les trapps à 25 mètres au-dessus de la vallée. On l'a recoupé par un travers-banc ouvert à la base de la colline appelée *North Bluff*.

Les premiers travaux de la concession ont été faits sur un filon qui a 5 pieds d'ouverture et pend de l'est à l'ouest avec une inclinaison de 20° sur la verticale. On y avait ouvert une galerie de direction pour exploiter jusqu'à la base de la colline.

Le filon n° 1 est dirigé sud-ouest-nord-est, avec un pendage sur la verticale, de 5° au nord-ouest; il a une puissance de 5 pieds. Dans ce filon, on a foncé 2 puits et ouvert à flanc de coteau un niveau situé à 160 pieds au-dessous de la surface de la colline, qui est ondulée. Nous avons parcouru ce niveau. Les 75 premiers pieds sont inondés sur 50 centimètres de haut, à cause d'un barrage qui retient les eaux. A 350 pieds environ, il traverse le puits n° 1, et à 375 pieds plus loin, il traverse le puits n° 2.

Ce niveau ne montre le minerai que sur deux îlots. Le premier montre de la pyrite et de la blende noire associées au quartz améthyste. Il y a aussi de beaux cristaux de calcite portant de l'argyrose en feuilles dans les clivages. Le deuxième se compose de schistes

gris foncé, tendres, bien clivés, portant, entre les feuillets, de l'argyrose
en minces lames mêlée avec de la calcite en petits éléments. L'éponte
du toit est formée de schistes noirs, à grain très fin, mal clivés et associés à du quartz nettement cristallisé.

Le tas de déblais du puits n° 1 contient de la blende, de la galène,
de l'argyrose et de l'argent natif dans une gangue de quartz, de spath
fluor et de calcite.

Cette mine possède un assez grand nombre de maisons d'ouvriers
et les bâtiments nécessaires à l'exploitation.

§ 7. — **Mine Badger.** — Le filon principal de la mine Badger affleure
dans les schistes à la base des trapps. Il est dirigé sud-ouest-nord-est
et a 2 pieds de puissance. On a foncé deux puits dans cette concession.
Le puits n° 1 est inondé depuis la profondeur de 15 pieds.

Autour de ce puits se trouvent deux tas de déblais considérables;
l'un a 6.000^{m3} et l'autre 2.000^{m3} environ. Ces déblais se composent
de morceaux de quartz, tantôt blancs et grenus, tantôt améthystes et
bien cristallisés, de calcite blanche à gros éléments et des schistes
noirs à grain fin et très durs.

Cette gangue renferme de la blende jaune clair et bleu foncé et de
l'argyrose en feuilles interposées dans les clivages de la calcite ou
entre les cristaux de quartz.

Le puits n° 2 est inondé, le tas de déblais qui l'entoure a 500^{m3}
environ; il se compose des mêmes minéraux que les précédents.

§ 8. — **West Beaver.** — La concession West Beaver renferme
deux filons.

Le premier est dirigé nord-ouest-sud-est; il pend de 20° sur la verticale au sud-est et a une puissance de 4 pieds.

Pour reconnaître ce filon, on a fait un travers-banc dans les schistes
noirs. Cet ouvrage a été ouvert au-dessous d'un marais situé dans le
fond de la vallée. A l'extrémité de ce travers-banc, on voit des veinules blanches injectées dans les schistes qui annoncent le voisinage
du filon.

Le tas de déblais se compose de blende brun foncé et bleuâtre en gros cristaux. La gangue contient de la calcite cristallisée en gros éléments, du spath fluor vert, grossièrement cristallin, et des schistes noirs.

A 60 pieds au-dessus du travers-bancs, on voit l'affleurement du filon. Son remplissage est formé de quartz et de calcite avec les schistes au mur et les trapps au toit. Il n'y a pas de traces minérales.

A 300 pieds au nord-est du premier, on a fait un deuxième travers-banc dans les schistes qui, horizontaux à l'entrée, plongent un peu plus loin. Cet ouvrage n'a pas recoupé le filon.

Le deuxième filon est parallèle au premier et a une puissance de 4 pieds. On a ouvert quatre chantiers sur ses affleurements pour reconnaître le gisement.

Le premier, qui est le plus haut et le plus nord-ouest, est un puits de 35 pieds qui, foncé dans les trapps, a recoupé les schistes. A cet endroit, le filon est vertical. Son remplissage est formé de schistes noirs tendres et de quartz blanc qui contiennent de l'argyrose en feuilles, de la blende et de la pyrite de fer.

Le second est peu net et montre seulement un réseau de veinules.

Le troisième est un puits de 12 pieds dans les schistes ; il montre aussi plusieurs veinules et une partie du filon. Dans les déblais il y a de la blende cristallisée en petits éléments dans une gangue de calcite, de quartz blanc et améthyste mêlés de schistes noirs.

Dans le quatrième, on a fait seulement quelques coups de mine pour décroûter le filon. On y voit de la blende foncée en petits cristaux et de la pyrite de fer dans une gangue de quartz cristallin blanc et rouillé.

En général, les minerais de ce filon sont pauvres en blende et autres sulfures métalliques.

§ 9. — **Mine Elgin.** — La concession Elgin renferme un filon. Il est dirigé nord-est-sud-ouest et côtoie un *Bluff*.

Les affleurements se composent d'un réseau de nombreuses veinules très fines dans un schiste très dur.

On n'y voit pas de traces d'argyrose. On a foncé deux puits sur ce filon. Le premier est inondé ; les morceaux du tas de déblais montrent un peu d'argyrose. Le deuxième puits est très peu profond.

Il y a, en outre, quatre pointements que l'on a décroûtés. Ils montrent des veinules secondaires. Un seul fait voir le filon très mêlé aux schistes des épontes.

§ 10. — **Mine Silver Mountain West End**. — Dans la concession de Silver Mountain West End, on a travaillé sur deux filons. Le premier a une direction nord-ouest-sud-est ; son pendage est de 10° sur la verticale au nord-est ; sa puissance est de 10 pieds, mais la partie minéralisée n'occupe, à l'affleurement, que 3 pieds dans le remplissage.

Le deuxième filon, qui a été seulement décroûté, croise le premier ; la jonction n'a pas été travaillée.

Sur le filon n° 1 on a foncé trois puits.

Le premier, qui est inondé, ne possède pas d'outillage. Son tas de déblais, qui a 200 mètres cubes environ, montre, en certains endroits, des morceaux de minerais d'une grande richesse et, en d'autres, l'absence complète de l'argent.

Le deuxième puits est également inondé. Il est pourvu d'un treuil d'extraction et d'une pompe à action directe ; tous ces appareils sont graissés et paraissent en état d'entrer rapidement en service.

Sur le tas de déblais nous avons fait faire des trous d'un pied de profondeur pour prélever des échantillons. Ceux-ci se composent de calcite blanche bien cristallisée, de schistes noirs tendres, d'un peu de spath fluor vert ; tous en petits débris.

Ces échantillons ne montrent pas de traces minérales appréciables. Nous les avons fait analyser, et ils n'ont donné que 41 grammes d'argent par tonne de 1.000 kilogrammes.

Le puits n° 3 est muni d'un treuil à bras et d'échelles, mais il est aussi inondé.

Du puits n° 1 au n° 2, il y a environ 400 pieds et à peu près le double du n° 2 au n° 3.

Ces puits sont guidés en longrines de bois sur lesquelles glissaient les bennes.

Il faudrait quelques semaines pour enlever l'eau qui se trouve dans les travaux.

On a poussé un travers-banc pour aller des affleurements du

premier filon au second. Cet ouvrage n'a pas été achevé, il a seulement recoupé les veinules secondaires du deuxième filon. Le travers-banc traverse les schistes ; à son entrée on voit le filon n° 1 qui présente une ouverture de 5 pieds dans des schistes noirs horizontaux.

Nous avons parcouru le niveau supérieur du puits n° 2, le seul qui ne soit pas inondé ; on y accède par un travers-banc de 45 pieds de long. A l'ouest, le niveau est, dès son entrée, boisé sur une longueur de 30 pieds, à cause d'une longue crevasse qui le surmonte. A 50 pieds du travers-banc on voit, au toit, une croûte minéralisée de 1 pied d'épaisseur et de 3 pieds de long. Cette poche est formée de calcite blanche à gros éléments, associée à du spath fluor vert en petits cristaux et un peu de quartz blanc avec interposition d'argyrose en feuilles dans les clivages des cristaux de calcite. A 7 ou 8 pieds au delà de la précédente, se trouve une seconde poche qui a environ 10 pouces d'épaisseur et 3 pieds de long; elle est également au toit. Cette dernière poche contient, dans une gangue de calcite translucide bien cristallisée et de spath fluor mal cristallisé mêlés avec un peu de quartz, de la blende claire et un peu de galène en très petits éléments. Le mur de la galerie est généralement stérile. La longueur de ce côté ouest est de 75 pieds.

A l'est, il y a 36 pieds de galerie; elle traverse une intrusion de schistes noirs de 3 pieds de large et 30 pieds de long, puis retrouve le filon. Le croquis ci-dessous montre cette disposition.

De ce côté de la galerie, il y a de l'eau sur une hauteur de 20 centimètres.

A l'extrémité, le remplissage des veinules montre de la calcite blanche en petits éléments, du spath fluor mal cristallisé et un peu d'argyrose en feuilles dans les clivages de la calcite.

Dans ce filon, l'argent natif est rare ; on y trouve plutôt de l'argyrose en petites masses amorphes ou en feuilles avec de la blende résineuse.

La mine possède un laboratoire pour l'essai au creuset et un atelier de scheidage au marteau dans lequel se trouve un tas de minerai extraordinairement riche.

Il existe, en outre, des bâtiments assez importants qui comprennent un grand magasin, 6 maisons de famille, une habitation pour le directeur et un hôtel.

§ 11. — **Concession F 16**. — La concession F 16 contient trois pointements de filons.

Le premier paraît traverser la rivière nord–ouest-sud-est ; il pend au nord et a 6 pieds d'ouverture.

Le remplissage montre de la calcite bien cristallisée, du quartz et du spath fluor rouillés par de l'oxyde de fer provenant de la décomposition de la pyrite. Les épontes sont des schistes noirs.

A 40 pieds environ au sud de ce pointement, il y en a un deuxième. Il est parallèle au premier, pend dans le même sens avec une moindre inclinaison sur l'horizon, et a 3 pieds de puissance. Le remplissage est le même que le précédent, mais il est mêlé à des schistes noirs très durs à grain très fin.

Enfin, à 30 pieds au sud du deuxième, se trouve le troisième pointement. Il paraît être parallèle aux précédents et a une puissance de 10 pieds. Le remplissage a le même aspect que ceux des autres pointements, mais il contient des morceaux de trapp vert à éléments cristallins très nets. Aucun travail n'a été commencé sur ces affleurements.

§ 12. — **Silver Islet**. — L'îlot d'argent a 30 mètres de large, 90 mètres de long et se trouve à 3 pieds au-dessus du niveau du lac Supérieur.

Le gisement est au voisinage d'un grand dyke qui vient de la côte et qui constitue l'îlot. Le filon est dirigé nord 35° ouest et a un pendage de 15° sur la verticale à l'est.

On y a foncé trois puits qui, actuellement, sont inondés. Les déblais se composent de schistes gris à grain fin, peu clivables, de graphite en masses amorphes, de calcite blanche ou colorée en rose par de l'oxyde de manganèse et de quartz finement cristallisé. On trouve dans cette gangue de l'argent natif et de l'argyrose en masses concrétionnées et en feuilles, de la blende brun foncé, de la galène et de la pyrite de fer et de cuivre.

L'usine de traitement était sur la côte, au nord de Burnt Island. Elle comprenait 50 bocards, 22 *Frue-Vanners*, 1 machine motrice verticale et 4 chaudières.

Il n'y a plus de *tailings* visibles : on les a jetés dans le lac Supérieur.

L'eau nécessaire au moulin était fournie par le lac Surprise. Ce dernier est à 500 mètres à l'est du lac Supérieur et à un niveau plus élevé de 13 pieds.

Sur le continent, et près de l'usine, on voit les affleurements du filon qui sont dirigés nord-ouest-sud-est.

CHAPITRE II

TERRAINS DE LA BANQUE DE L'ONTARIO

§ 13. — **Cloud Lake.** — On trouvera ci-dessous un croquis avec légende qui donne, outre la forme du Lac Cloud, la nature des berges et l'emplacement des pointements que nous avons visités sur ses rives. De N en O la rive est formée par une falaise de trapps, boisée, et de 90 pieds de hauteur environ. La rive ouest, de P en R, est une falaise de trapps verticaux de 50 pieds. De O en S, la falaise s'abaisse jusqu'au niveau du lac, et de S en A, elle s'élève de nouveau et, en A, atteint 60 pieds; elle conserve cette hauteur jusqu'au nord de la côte est.

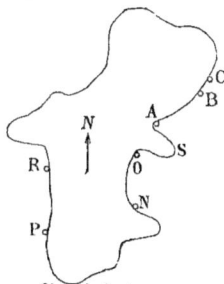

Cloud Lake
Croquis N.° 1

Les pointements sont indiqués par les lettres A, B et C.

La carte qui suit, de la commune de Crooks, montre par des lettres l'emplacement des gisements que nous avons visités dans cette com-

18

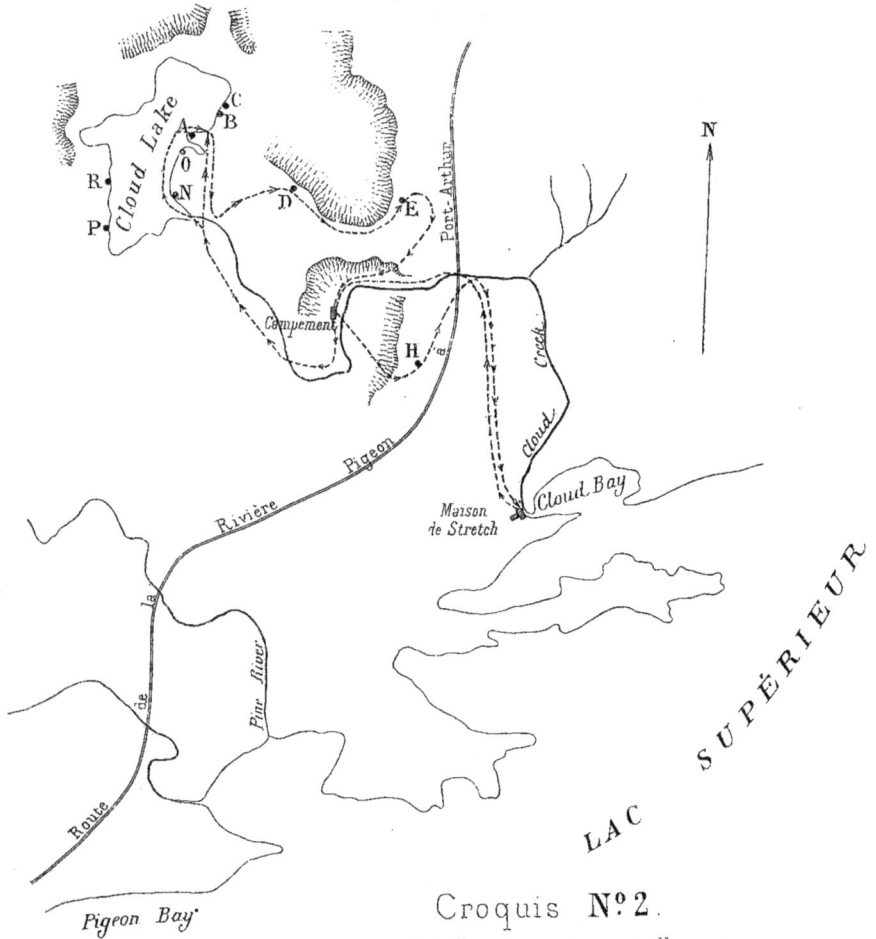

Croquis No 2.

Echelle : $\frac{1}{10}$ pouce par mille

mune. Les trois pointements des bords du lac Cloud sont marqués de nouveau sur cette carte.

Le pointement A a une puissance de deux pieds, la roche encaissante est formée de trapps. Le remplissage se compose de morceaux de quartz blanc cristallisé en petits éléments et de calcite jaunâtre en gros cristaux. Nous n'y avons pas vu de traces d'argent. *Ce gisement est situé sur les terrains de la Banque.*

Sur la rive nord-est, et à 25 pieds du lac, se trouve le pointement B.

Le gisement a une direction nord-ouest-sud-est et pend de 10° sur la verticale, au sud-ouest. Le remplissage est coupé en deux par une intrusion de schistes noirs de 5 pieds de large. Il se compose de quartz blanc et améthyste bien cristallisé, d'un peu de spath fluor et de calcite ; il contient de l'argyrose en feuilles entre les cristaux. On a fait sur ce pointement une fouille de 8 pieds de profondeur. La branche qui est au nord de l'intrusion de schistes a 4 pieds de puissance à la surface et 3 pieds au fond de la fouille; la branche sud a 2 pieds 1/2. Au nord, le filon a un toit de trapp; au sud, il a un mur de 20 pieds de schistes gris très durs, peu clivables, au delà desquels se trouvent les trapps.

Ce filon et le suivant sont perpendiculaires à un massif de trapps qui s'élève à 60 pieds au-dessus du lac. Cette colline se termine à la partie supérieure par une falaise verticale de 10 pieds.

A 50 mètres, au nord de B, se trouve le filon C. On en voit un petit pointement de 2 pieds de puissance dans les trapps, il semble être parallèle au précédent.

Le remplissage se compose de quartz blanc et améthyste à gros éléments et de calcite; on n'y voit pas de traces d'argent. A 10 mètres, au nord de C, on voit affleurer de minces veinules de quartz.

Les pointements B et C ne sont pas sur les terrains appartenant à la Banque de l'Ontario. Cependant leur direction semble indiquer que leur prolongement passe sur ces terrains.

A 2 milles, au nord-est de B, en s'éloignant du lac, en haut d'une falaise de trapps qui a 80 pieds de haut, se trouve le pointement D. On n'en voit que les affleurements qui se composent de plusieurs veinules, la plus large a environ un pied de puissance. Les éboulis contiennent peu de morceaux du remplissage. Celui-ci se compose de calcite blanche à gros éléments, de quartz rose finement cristallisé et de spath fluor en cristaux mal définis; on y voit de la pyrite de fer mais pas d'argent. Ce pointement est très voisin de la limite nord des terrains de la Banque, sans qu'il soit possible de dire de quel côté de cette limite il se trouve.

En E, il y a un pointement d'un filon de cuivre qui paraît être large. On y a foncé un puits de 3 mètres sur 1ᵐ,50 et de 10 mètres de profondeur dans les trapps; il est impossible de descendre dans ce puits. Le remplissage se compose de quartz, de calcite et de trapps amygdaloïdes. Ces trapps contiennent dans les géodes des cristaux de zéolithes et de glauconie. On y voit du cuivre natif en grains et du carbonate de cuivre provenant de l'altération du métal.

Nous avons fait analyser ce minerai qui a donné 4ᵏᵍ600 de cuivre et 41 grammes d'argent par 1.000 kilogrammes.

Ce pointement n'est pas sur les terrains de la Banque.

A 2 milles 1/2 environ, au nord-ouest de Cloud Bay et sur le versant sud d'un *bluff* haut d'environ 150 pieds, il y a une veinule qui paraît être nord-ouest-sud-est et qui semble être un filon secondaire du filon H. En descendant dans la vallée qui est au sud-est et en remontant l'autre versant, on peut suivre les traces du filon H dont on voit deux pointements.

A 2 milles environ, au nord-ouest de Cloud Bay, en H, on voit nettement le filon. Il est dirigé nord-ouest-sud-est et pend de 5° sur la verticale au nord-est; sa puissance est de 6 pieds. Il court le long d'une colline au sommet de laquelle il affleure. La roche encaissante est le trapp, mais, en profondeur, le filon plonge dans les schistes. Le long du toit il y a une bande de schistes gris très tendres à grain fin facilement clivables, qui a 8 pieds d'épaisseur.

On a poussé à cet endroit un travers-banc qui a recoupé la veine à quelques pieds. Le remplissage est formé de gros cristaux de calcite blanche et de quartz en petite quantité. On y voit de la blende et des traces d'argyrose en feuilles.

A 300 pieds, au sud-est, on a foncé un puits de 15 pieds de profondeur dans le même filon qui, à cet endroit, se dirige nord-sud.

Son pendage est à l'est, mais il est inversé près de la surface par la pression des roches encaissantes. Sa puissance est de 4 pieds ; il montre, comme précédemment, une salbande de schistes au toit. Les épontes sont en trapps. Dans une gangue de calcite en gros éléments et de spath fluor mal cristallisé, mais qui paraît augmenter en profondeur, on voit de la pyrite de fer en petits éléments.

Aucun de ces affleurements ne se trouve sur les concessions appartenant à la Banque.

§ 14. — **Loch Lhomond.** — Sur la rive nord du Loch Lhomond, au point marqué K sur le croquis de la page suivante, on voit un pointement. M. Cyrette, qui nous l'a fait voir, a dû le déterrer, car il l'avait dissimulé précédemment sous des déblais de la diabase qui forme la roche encaissante. Le remplissage est formé de calcite blanche et colorée en rose par du manganèse et de quartz en petite quantité. On y voit des traces de blende et de pyrite de fer, mais pas d'argent.

Dans l'excursion supplémentaire que nous avons faite à la fin de nos tournées, M. King nous a montré ce même gisement. En outre, à l'extrémité sud de la branche ouest du lac, au point marqué L, il nous montre un affleurement de filon dans la falaise verticale de trapp qui borde le lac. Son remplissage est formé de quartz et de calcite, on y voit quelques cristaux de pyrite de fer.

CHAPITRE III

RÉGION AURIFÈRE DU LAC DES BOIS

§ 15. — **Mine Sultana.** — Le filon de la mine Sultana a une direction nord-nord-est-sud-sud-ouest; son pendage est de 5° sur la verticale à l'ouest. A l'affleurement, il a 30 pieds d'épaisseur. Les épontes sont de schistes à l'ouest et de micaschistes à l'est. Le remplissage est formé de quartz blanc et bleuâtre grossièrement cristallin, à cassures vives;

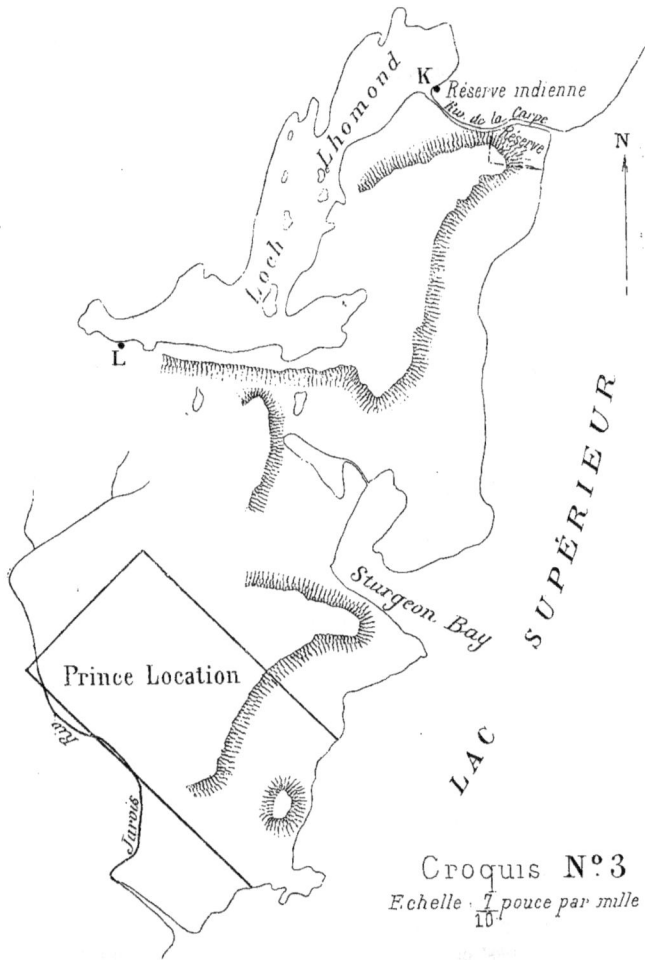

Loch Lhomond

K • Réserve indienne
Riv. de la Carpe
de la Réserve

N

L •

LAC SUPÉRIEUR

Sturgeon Bay

Prince Location

Riv.

Jarvis

Croquis N° 3

Echelle $\frac{7}{10}$ pouce par mille

il montre des intrusions de granit et de la pyrite. L'or s'y trouve dans le quartz à l'état libre, mais rarement visible. Nous avons fait analyser ce minerai ; il a donné 37 grammes d'or à la tonne de 1.000 kilogrammes, avec de simples traces d'arsenic.

Bien que la mine ait été ouverte quelques mètres seulement au-dessus du niveau du lac et que les travaux se soient enfoncés assez profondément au-dessous de ce niveau, l'eau ne gêne nullement la poursuite des travaux.

On a foncé un puits suivant le pendage du filon.

Les déblais sont formés de roches des épontes ; tout le remplissage a été traité pour or.

Les machines installées au jour sont : 1 treuil d'extraction, 1 compresseur, 1 réservoir d'air et 1 chaudière.

L'usine comprend : 1 concasseur de 10 pouces, 2 trémies, 2 batteries de 5 bocards, 2 tables d'amalgamation, 2 *Frue vanners*, 2 pompes, 1 machine motrice et 1 chaudière chauffée au bois. Ce matériel a été fourni et installé par Fraser et Chalmers, de Chicago.

§ 16. — **Mine Ophir.** — La concession Ophir contient un filon. Il est situé dans une masse intrusive de granit et de gneiss qui s'élève à travers les schistes à hornblende de la région.

Le gisement se compose du filon principal, qui a une puissance de 3 pieds, et d'une veinule secondaire.

On a foncé sur ce filon un puits actuellement inondé jusqu'à un niveau supérieur à celui du lac des Bois.

Les affleurements montrent du quartz blanc et rouillé. Il contient de l'oxyde de fer produit par de la pyrite décomposée.

Sur le tas de déblais, nous avons vu un morceau de quartz montrant une moucheture d'or.

§ 17. — **Mine Sultana Junior.** — Les affleurements du filon de la mine Sultana Junior sont recouverts d'un chapeau de fer oxydé.

On a foncé un puits actuellement inondé.

Le tas de déblais se compose de schistes amphiboliques durs, difficilement clivables, de micaschistes et de talc. Ces roches contiennent en abondance de la pyrite de fer bien cristallisée, mais on n'y voit pas de morceaux de quartz.

§ 18. — **Mine Black-Jack.** — La mine Black Jack renferme trois filons qui sont parallèles et dirigés nord-ouest-sud-est. Ces filons pendent au sud-est, mais ont des inclinaisons différentes et qui se rapprochent de la verticale du premier au troisième. Ce fait semble indiquer leur réunion en profondeur.

Sur le filon n° 1, on a foncé un puits. Le tas de déblais de ce puits, qui a environ 500 mètres cubes, se compose de schistes verts amphiboliques, à grain fin, bien clivables, chargés de pyrite de fer.

Le filon n° 2 est dans les schistes verts, tendres, clivables, associés à des porphyres quartzifères qui affleurent dans les gneiss amphiboliques.

Le filon n° 3 se trouve dans du porphyre quartzifère; il a été reconnu sur un demi-mille à l'est. Dans cette direction on a fait cinq puits d'épreuve. A l'ouest, on voit les affleurements se prolonger, mais on n'y a fait aucun travail. Le remplissage de ce filon est formé de quartz blanc, grossièrement cristallin, dans une gangue de schistes verts amphiboliques durs, à grain fin, facilement clivables. En outre il y a un puits peu profond, inondé, foncé sur une veinule parallèle aux autres filons et de pendage 30° sur la verticale, au sud-est.

§ 19. — **Mine Gold Hill.** — Le filon principal de la mine Gold Hill s'appelle Pebble Vein. Il est dirigé est-ouest et a un pendage vertical. En profondeur, le toit s'incline de sorte que le filon s'élargit et sa puissance augmente de 1 pied à 1 pied et demi. On y a foncé trois puits. On fait une tranchée dans le filon pour réunir deux de ces puits. Le remplissage de cette tranchée est formé de quartz et de calcite cristallisée en petits éléments. Les épontes sont formées de schistes amphiboliques verts, tendres et clivables. Les déblais des puits montrent des schistes verts amphiboliques et à hornblende, mêlés de quartz blanc et noirâtre.

Il y a, dans cette concession, deux autres filons. L'un est vertical, parallèle au précédent, et a 4 pieds de puissance. Le second a la même direction; on n'y a fait aucun travail.

Cette mine possède une usine de dix bocards.

§ **20. — Golden Gate.** — Le filon principal de la mine Golden Gate est dirigé est-ouest il pend très légèrement au nord et a deux pieds de puissance aux affleurements.

Le mur est en schistes amphiboliques et le toit en schistes à hornblende.

Les travaux ont été commencés sur un filon secondaire. On y a fait une tranchée de 15 mètres de long et 2 mètres de large à ciel ouvert.

Le remplissage est formé de quartz blanc et grisâtre, grossièrement cristallin, contenant de la pyrite de fer et de cuivre.

Au delà de la tranchée, la veinule tourne à l'est et vient se souder au filon principal.

Sur ce dernier et à 30 mètres à l'est du précédent ouvrage, on a fait un puits de reconnaissance. Le remplissage est le même que celui de la veinule.

Enfin, on a encore fait sur ce filon un puits de 33 pieds de profondeur. A la partie inférieure, la puissance est de 7 pieds dont trois minéralisés et quatre de schistes à hornblende. Le remplissage se compose de quartz bleuâtre chargé de mouchetures de pyrite de fer.

A 600 pieds au nord-est de ce puits, il y a un autre filon dirigé nord-sud et qui pend de 15° sur la verticale à l'est. Les affleurements ont 50 pieds d'ouverture, mais ils n'ont pas été suffisamment travaillés pour qu'on puisse voir quelle est l'épaisseur du quartz.

Le remplissage est formé de schistes et de quartz contenant de la pyrite de fer et de cuivre. La roche encaissante est le trapp. Le granit est à 20 mètres à l'est de ce pointement.

Au delà, au nord-est, on a fait une fouille de 5 pieds dans le filon. On y voit du quartz blanc et rouillé mêlé à des schistes verts, tendres, glacés, bien feuilletés et facilement clivables. La roche encaissante est le trapp.

Au delà, on peut suivre les affleurements sur une longueur de 30^m.

A cette distance, on a fait une autre petite fouille de 6 pieds sur le filon. Le remplissage a le même aspect que le précédent.

Au delà de ce point apparaît le granit.

§ **21. Bath Island.** — L'île du Bain est à 60 pieds au-dessus du lac.

19

Sur la rive nord, on voit un chantier de reconnaissance de 8 pieds de profondeur. Le filon n° 1, sur lequel on a fait cet ouvrage, a 3 pieds de puissance à la surface et 4 au fond. Il a une direction est-ouest et le filon paraît avoir un très léger pendage au sud.

Le remplissage est formé de quartz rouillé et blanc, grossièrement cristallin, contenant de la pyrite de fer.

Les épontes qui sont verticales, sont formées de schistes chloritiques verts, tendres, à grain fin, feuilletés, peu clivables.

Contre le filon, il y a une bande de schistes bruns et gris, à feuillets glacés, très fins, très tendres et facilement clivables; elle semble diminuer en profondeur.

A 100 mètres à l'ouest, sur le rivage sud, on a décroûté un petit pointement.

A l'intérieur de l'île, il y a un chantier en activité occasionnelle sur le filon n° 2 qui traverse l'île de l'est à l'ouest. Ce travail a été fait à ciel ouvert, il a 10 pieds de profondeur et 20 de longueur.

A 1 mètre en arrière à l'ouest, on a fait un puits de 15 pieds.

Le filon n° 2 a une puissance de 4 pieds dont 3 de quartz blanc et 1 de schistes verts tendres et clivables. Les épontes sont verticales et la roche encaissante est formée de quartzites compacts paraissant imperméables. Le remplissage se compose de quartz et de schistes tendres, contenant de la pyrite de fer et de cuivre. Nous avons fait analyser ce minerai, qui a donné 25 grammes d'or par 1.000 kilogrammes, avec des traces d'arsenic.

En suivant le filon à l'ouest, on voit trois petites fouilles qui montrent du quartz blanc contenant des pyrites.

Les affleurements sont visibles jusqu'à une distance de 300 mètres au delà du puits.

A cette extrémité et à 25 mètres au nord, on voit le filon n° 3. On y a fait un puits de 5 mètres de profondeur. On n'a pas décroûté ce filon; cependant il semble parallèle aux précédents.

Les déblais du puits se composent de quartz blanc et gris contenant de la pyrite de fer en gros cristaux et de schistes amphiboliques verts glacés, durs, difficilement clivables, imprégnés de pyrite de fer.

CHAPITRE IV

DISTRICT AURIFÈRE DE LA RIVIÈRE SEINE

§ 22. — **Mine Hillyer.** — En allant de Mine Centre à la mine Fergusson, nous avons traversé la mine Hillyer, actuellement en chômage. On y voit une usine de traitement.

§ 23. — **Mine Fergusson.** — La mine Fergusson comprend les concessions AL 110, AL 111, AL 112, K 223 et K 229.

Les filons de cette mine sont tous dans un massif de protogyne qui a 3 milles de largeur. Le contact entre le granit et les schistes se trouve à 1/2 mille au nord-est du centre d'exploitation.

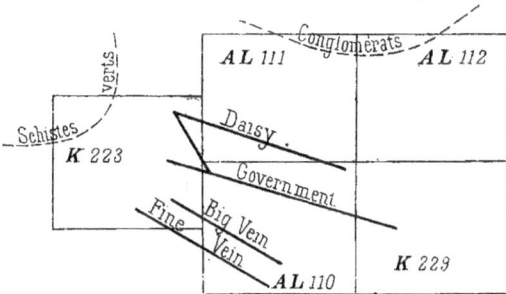

Le croquis ci-contre montre la position de ces gisements.

On a décroûté les affleurements du filon Government sur une longueur 1.000 pieds. Il est dirigé nord-ouest-sud-est et son pendage est de 2° sur la verticale au sud. On y a foncé un puits d'essai de 10 pieds. La puissance est de 2 pieds à l'affleurement et 9 à 10 pieds au fond du puits.

Le remplissage se compose de quartz blanc et bleuâtre, contenant de la pyrite de fer. Le quartz est quelquefois mangé par les schistes encaissants qui sont gris, durs, peu clivables, contiennent de la pyrite et peuvent renfermer de l'or. A 500 pieds du point où le filon Government commence à affleurer, il s'en détache un embranchement qui va recouper le filon Daisy. Ce dernier est parallèle au précédent, mais n'a que 2 ou 3 pouces de puissance aux affleurements.

Les deux épontes sont en protogyne. Le remplissage est formé de quartz blanc et bleuâtre, abondamment chargé de pyrite de fer et de galène. Ce minerai a donné à l'analyse 80 grammes d'or par 1.000 kilogrammes avec des traces d'arsenic.

On a foncé sur ce filon un puits de 9 pieds sur 6 pieds en creusant le toit; le mur est très net et très lisse. En profondeur, la puissance augmente. Cependant le fonçage en a été arrêté. Actuellement, on pompe l'eau qui se trouve dans les travaux. La mine possède un laboratoire.

§ 24. — **Mine Randolph.** — La mine Randolph comprend les concessions AL 114, AL 115, AL 116. Elle contient un pointement de filon de direction nord-ouest, sud-est, de pendage vertical, encaissé dans les schistes verts à hornblende. Il a 6 pieds de puissance, dont 4 minéralisés et 2 formés par de la quartzite. Les affleurements montrent du quartz rouillé chargé de pyrite de fer et de cuivre. Nous

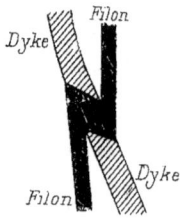

avons fait analyser ce minerai, il a donné 80 grammes d'or par 1.000 kilogrammes et des traces d'arsenic.

Sur le pointement on a fait une petite fouille; un morceau de quartz trouvé dans les déblais contenait une moucheture d'or.

Il y a dans les schistes encaissants un dyke de quartzite de 20 pieds de large. Le filon le recoupe, et sa minéralisation subsiste au travers de ce dyke, comme l'indique le croquis ci-contre.

A 20 mètres au sud-est de la première fouille, il y a un autre pointement du même filon. A cet endroit, il y a 5 pieds de puissance. Le remplissage est le même que précédemment. Ce minerai, que nous avons fait analyser, a donné 25 grammes d'or par 1.000 kilogrammes et des traces d'arsenic.

§ 25. — **Mine Weigand.** — La mine Weigand comprend les concessions AL 104, AL 105, AL 106. Sur la concession AL 104, il y a un filon n° 1 qui est vertical et dirigé sud-est-nord-ouest; on n'y a fait aucune exploitation. (Voir le croquis ci-après.)

Le minerai d'un premier pointement A, que nous avons fait analyser, a donné 5 grammes d'or par 1.000 kilogrammes et des traces d'arsenic.

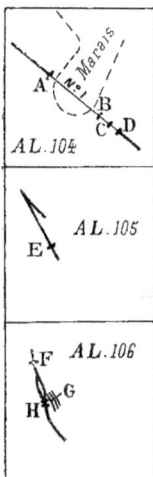

A 500 pieds au sud-est du premier pointement, on retrouve le même filon au delà d'un marais (point B.).

Plus loin, dans la même direction, on a foncé un puits C de 16 pieds et au delà, un puits D de 5 pieds a encore recoupé le filon. Le minerai de ce puits a donné à l'analyse 25 grammes d'or par tonne et des traces d'arsenic. On a mis à nu 7 pointements du filon sur un intervalle de 15 *chains*.

Les travaux montrent que le filon a nettement 6 pieds; il n'y a aucune veinule dans les épontes. Le remplissage se compose de quartz blanc et rose contenant de la pyrite de fer. Les épontes sont formées par des schistes verts amphiboliques, difficilement clivables, qui émergent dans de la granulite.

Sur la concession AL 105 et dans les mêmes roches, il y a un filon sensiblement parallèle au précédent. Il est vertical et a deux pieds d'épaisseur. A l'est, il se divise en deux. On y a fait un puits E, de 6 pieds, qui a recoupé du quartz analogue à celui du filon de la concession AL 104. Ce minerai nous a donné, à l'analyse, 20 grammes d'or par tonne et des traces d'arsenic.

La concession AL 106 renferme un filon de même direction, de même pendage et de même nature que les précédents. Il se trouve dans les schistes verts amphiboliques. On peut en suivre les affleurements pendant 35 mètres. A cette distance, il y a une fouille F, qui montre un filon de 28 pouces d'épaisseur. Le remplissage est formé de quartz contenant de la pyrite. Il y a une veinule qui s'enfonce dans le toit. Le minerai de cette fouille nous a donné, à l'analyse, 25 grammes d'or par tonne et des traces d'arsenic.

Au delà du filon principal, se détachent trois filons secondaires qui ont respectivement 6, 8 et 12 pouces de puissance; pour les mieux voir, on a fait deux fouilles, G et H.

A cet endroit, il y a comme un champ de filons, formé par un réseau de veinules qui semble avoir produit une concentration de la matière minérale.

§ 26. — Mine Foley.

— La mine Foley s'étend sur les concessions AL 74, AL 75 et AL 76. Sur cette dernière, on n'a encore trouvé aucun gisement.

Le filon principal est dirigé nord 18° ouest et a un pendage de 9° sur la verticale au sud-ouest.

De ce filon principal se détache deux filons secondaires. Le premier, à peu près nord-sud, a le même pendage que le filon principal; il a 2 pieds de puissance à la surface, mais diminue en profondeur. C'est sur lui qu'on a foncé le puits n° 5.

Le deuxième, au nord, est dirigé sud-nord ; il a un pendage de 7° sur la verticale à l'est; sa puissance est de 4 pieds aux affleurements, mais il s'élargit en profondeur. C'est sur lui qu'on a foncé le puits du nord.

Le filon principal a été décroûté entre ces deux filons secondaires.

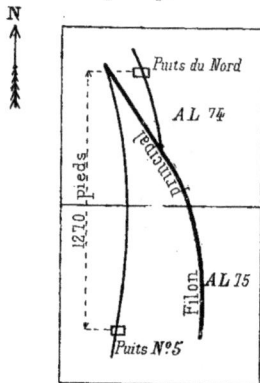

Le croquis ci-contre montre la disposition relative des filons et des puits.

Ces filons sont dans un massif de granulite. Leur remplissage est formé de quartz blanc, rose et rouillé, contenant des pyrites de fer et de cuivre. Le minerai de ces filons soumis à l'analyse pour l'arsenic, n'en a donné que des traces.

L'atelier des machines est situé à proximité du puits n° 5. Il contient un compresseur, deux treuils d'extraction, dont l'un actionne le câble qui dessert le puits du nord, à 1.270 pieds du puits n° 5, et deux compresseurs.

La mine Foley possède aussi un laboratoire.

L'eau nécessaire à la mine est envoyée par une pompe puisant dans le lac Shoal.

ANNEXE Nº 7

MONSIEUR A. BRÜLL.

Port Arthur, Ont.

Dear Sir,

As requested I beg to annex a list of prices at which some of the properties which you have visited in this and lake of the Woods District can be bought. The prices are however merely nominal and I think it wiser not to ask for any binding option upon them at present as I feel certain that if the proposed Company should be proceeded with, I will be able to obtain options or make purchases of those which you may consider it more advisable to acquire on behalf of the Company at less prices than those now asked. The Rabbit Mountain I can give a definite working option upon for any reasonable time the Company may desire at the price of $ 25.000, including all the milling and mining machinery buildings, etc., as they stand. The nominal prices at which the other properties can be bought so far as I have been able to ascertain without exciting the suspicion or cupidity of the owners are as follows.

Beaver. — Including milling and mining machinery, etc., etc., also a large tract of land on which other veins of promise are known to exist, $ 50.000.

Badger. — Including the porcupine $ 25.000, Cambrian, 2 locations $ 3.000 each.

R 20. — The owners have spent about $ 10.000 in acquiring and developing this property and would sell at this figure or possibly less if approached with a cash offer.

I shall send you later on prices for the West End Silver Mountain and Elgin properties also a supplementary list of properties in the Silver district.

Ophir. — This property is held for $ 80.000 cash and the owners are not anxious to sell even at that figure as they are placidly waiting developments at the Sultana, which they expect will still further increase the value of their property.

Golden Gate. — This property is held by a Montreal Syndicate in which Mr. Ahn I are interested. $ 10.000 cash and a third interest in a Company formed to acquire it would be accepted provided sufficient working capital is provided to develop and work. The price may be increased as further work is done and improvements made.

Bath Island. — The two locations on this Island one of which you visited, can be bought today for $ 10.000 each, but probably less would be accepted. I will send you plans maps and prices of the Randolph Hillyear properties also AL 104, 5 and 6 as soon as possible, and Mr. Ahn will forward to Paris maps of the Fergusson and Foley properties which you saw but are not for sale.

I will also forward a supplementary list of properties in the Gold District which I have made arrangements to acquire at as early a date as possible.

Yours faithfully.

Alex. M. Hay.

www.ingramcontent.com/pod-product-compliance
Lightning Source LLC
Chambersburg PA
CBHW071853200326
41519CB00016B/4360